W0260292

# Medizinische Informatik und Statistik

Band 1: Medizinische Informatik 1975. Frühjahrstagung des Fachbereiches Informatik der GMDS. Herausgegeben von P. L. Reichertz. VII, 277 Seiten. 1976.

Band 2: Alternativen medizinischer Datenverarbeitung. Fachtagung München-Großhadern 1976. Herausgegeben von H. K. Selbmann, K. Überla und R. Greiller. VI, 175 Seiten. 1976.

Band 3: Informatics and Medecine. An Advanced Course. Edited by P. L. Reichertz and G. Goos. VIII, 712 pages 1977.

Band 4: Klartextverarbeitung. Frühjahrstagung, Gießen, 1977. Herausgegeben von F. Wingert. V, 161 Seiten. 1978.

Band 5: N. Wermuth, Zusammenhangsanalysen Medizinischer Daten. XII, 115 Seiten. 1978.

Band 6: U. Ranft, Zur Mechanik und Regelung des Herzkreislaufsystems. Ein digitales Simulationsmodell. XVI, 192 Seiten. 1978.

Band 7: Langzeitstudien über Nebenwirkungen Kontrazeption – Stand und Planung. Symposium der Studiengruppe „Nebenwirkungen oraler Kontrazeptiva – Entwicklungsphase", München 1977. Herausgegeben von U. Kellhammer. VI, 254 Seiten. 1978.

Band 8: Simulationsmethoden in der Medizin und Biologie. Workshop, Hannover, 1977. Herausgegeben von B. Schneider und U. Ranft. XI, 496 Seiten. 1978.

Band 9: 15 Jahre Medizinische Statistik und Dokumentation. Herausgegeben von H.-J. Lange, J. Michaelis und K. Überla. VI, 205 Seiten. 1978.

Medizinische Informatik und Statistik

Herausgeber: S. Koller, P. L. Reichertz und K. Überla

9

# 15 Jahre Medizinische Statistik und Dokumentation

## Aspekte eines Fachgebietes

Herausgegeben von
H.-J. Lange, J. Michaelis und K. Überla

Springer-Verlag
Berlin · Heidelberg · New York 1978

**Reihenherausgeber**
S. Koller, P. L. Reichertz, K. Überla

**Mitherausgeber**
J. Anderson, G. Goos, F. Gremy, H.-J. Jesdinsky, H.-J. Lange, B. Schneider, G. Segmüller, G. Wagner

**Bandherausgeber**
Prof. Dr. H.-J. Lange
Institut für Medizinische Datenverarbeitung
Technische Universität
Arabellastraße 4/I
8000 München 81

Prof. Dr. J. Michaelis
Institut für Medizinische Statistik
und Dokumentation
Klinikum der Johannes Gutenberg Universität
Langenbeckstraße 1
6500 Mainz

Prof. Dr. K. Überla
Institut für Medizinische Informationsverarbeitung, Statistik und Biomathematik
Marchioninistraße 15
8000 München 70

ISBN-13: 978-3-540-09075-5 e-ISBN-13: 978-3-642-81285-9
DOI: 10.1007/ 978-3-642-81285-9

CIP-Kurztitelaufnahme der Deutschen Bibliothek. *15 [Funfzehn] Jahre medizinische Statistik und Dokumentation* Aspekte e Fachgebietes / hrsg. von H -J Lange – Berlin, Heidelberg, New York Springer, 1978 (Medizinische Informatik und Statistik , 9)



2145/3140 - 5 4 3 2 1 0

# VORWORT

Am 30. Januar 1978 vollendete Herr Professor Dr. Dr. Siegfried Koller sein 70. Lebensjahr. Aus diesem Anlaß fand am 31. Januar 1978 im Ratssaal des Mainzer Rathauses ein Symposium statt. Der vorliegende Band gibt die bei diesem Symposium gehaltenen Vorträge wieder sowie die Abschiedsvorlesung von S. Koller und die Antrittsvorlesung von J. Michaelis.

Im Januar 1963 begann Herr Professor Koller mit dem Aufbau des Mainzer Instituts für Medizinische Statistik und Dokumentation und faßte damit erstmals verschiedene Forschungsrichtungen zu einem Fachgebiet zusammen, für das es auch im Ausland kein Vorbild gab. Das neue Fachgebiet entwickelte sich so dynamisch, daß bereits innerhalb weniger Jahre vergleichbare Institute an nahezu allen Hochschulen der Bundesrepublik Deutschland entstanden.

Der Rahmen eines eintägigen Symposiums erfoderte eine Beschränkung auf nur wenige Aspekte der Medizinischen Statistik und Dokumentation, die jedoch als Beispiele für die Vielfalt der einzelnen Bereiche und der Verknüpfungen des Fachgebietes stehen. Ein Teil der Beiträge veranschaulicht, daß das Fachgebiet wichtige Aufgaben im Bereich der medizinischen Forschung und des Gesundheitswesens erfüllt, andere Referate zeigen die engen Verflechtungen mit mehr theoretischen Fächern, wie der mathematischen Statistik und der Informatik. Die rasche Entwicklung der verschiedenen Teile des Fachgebietes wird in den einzelnen Artikeln ebenso deutlich wie die Tatsache, daß Herr Professor Koller in vielen Bereichen wesentliche Entwicklungen bewirkt oder angeregt hat.

Einzelne Arbeitsrichtungen unterscheiden sich in ihren Zielen und Arbeitsweisen z.T. deutlich - Kontraste, die im Zuge der lebendigen Entwicklung zunehmend stärker hervortreten. Die Möglichkeit und Notwendigkeit fruchtbarer wechselseitiger Anregungen der verschiedenen Arbeitsrichtungen sowie Gemeinsamkeiten von Fragstellungen, Zielsetzungen und Methoden lohnen es, den integrierenden Charakter des Fachgebietes zu betonen und zu fördern. Das Symposium hat hierzu einen Beitrag geleistet, der durch die Publikation über den Kreis der Tagungsteilnehmer hinaus einer breiten Öffentlichkeit zugängig gemacht wird.

*H.-J. Lange, J. Michaelis, K. Überla*

INHALTSVERZEICHNIS

Seite

# STREIFLICHTER ZUR ENTWICKLUNG DES FACHGEBIETES MEDIZINISCHE STATISTIK UND DOKUMENTATION

Gustav Wagner, Heidelberg

Obwohl unser Fachgebiet einer der jüngsten Zweige am weit ausladenden Baum der Medizin ist, würde der Versuch eines abgerundeten Überblicks über seine Entwicklung doch den Rahmen eines 20-Minuten-Vortrages bei weitem sprengen. Ich möchte mich daher als einer, der die Geschichte unseres Faches von Anfang an miterlebt hat, auf einige wenige Streiflichter der Entwicklung aus subjektiver Sicht beschränken, die vielleicht modellhaft auch für solche Aspekte stehen, die hier nicht einzeln aufgeführt werden können.

Retrospektiv betrachtet hat sich das Fachgebiet der "Medizinischen Statistik und Dokumentation" bei uns aus zwei Wurzeln entwickelt - einer nicht-universitären und einer universitären -, wobei die ersten Anstöße interessanterweise aus dem nicht-universitären Bereich kamen. Hier ist vor allem der Beitrag der Deutschen Gesellschaft für Medizinische Dokumentation, Informatik und Statistik (GMDS) und ihrer Vorläuferorganisationen zu nennen, die am schnellen und gezielten Aufbau des Fachgebietes entscheidenden Anteil hatten. Der GMDS kommt schon deswegen eine besondere Stellung zu,weil sie die älteste wissenschaftliche Gesellschaft der Welt im Fachbereich Medizinische Dokumentation, Statistik und Datenverarbeitung ist. Ihre Geschichte spiegelt daher ein gut Teil der Geschichte des Fachgebietes in der Bundesrepublik Deutschland (18) wider.

Angefangen hat die Sache 1951. Zwar gab es schon vor 1950 erste Schritte einer medizinischen Krankenblattdokumentation - verbunden mit den Namen HARTUNG, HEITE, HOSEMANN, KOLLER, MIKAT, PROPPE und WAGNER -, aber die Bemühungen dieses Häufleins der ersten Unentwegten waren weitgehend unkoordiniert und autodidaktisch. Im Dezember 1951 konstituierte sich dann in Frankfurt auf Anregung von Prof. Erich PIETSCH, damals Leiter des Ausschusses zur Mechanisierung der Dokumentation in der DGD, eine "Untergruppe Medizin", deren erster Leiter Udo DERBOLOWSKY (Hamburg-Eppendorf) wurde. In den folgenden Jahren ging die Leitung dieser Gruppe auf Jo HARTUNG (Hannover) und Siegfried KOLLER (Wiesbaden) über. Man traf sich damals im kleinen Kreise interessierter Kollegen und dis-

kutierte über das, was die Teilnehmer gerade bewegte. Im Oktober 1955 wurde dann auf Anregung von Otto NACKE (Bielefeld) ein selbständiger "Arbeitsausschuß Medizin" in der DGD gegründet, dessen erster Obmann NACKE wurde.
Inzwischen hat sich immer klarer gezeigt, daß die zunehmende Fülle der in der Klinik anfallenden Patientendaten ohne den Einsatz moderner Dokumentationsmethoden nicht mehr zu erfassen, ohne maschinelle Hilfsmittel nicht mehr zu verarbeiten und ohne Kenntnisse der statistischen Methoden nicht exakt auszuwerten war. Es zeigte sich ferner, daß der Arzt allein nicht in der Lage war, alle diese als wünschenswert bzw. notwendig erkannten Arbeiten durchzuführen, sondern Mitarbeiter benötigte, die ihm bei der Erfassung, Aufbereitung, Auswertung und Archivierung der klinischen Daten und bei der Bereitstellung gezielter Informationen aus dem Schrifttum helfen konnten.

Es ist NACKES Konzeption gewesen, die notwendigerweise zu leistende Aufbauarbeit des "Arbeitsausschusses Medizin" auf spezielle Gremien zu verteilen. So entstanden im Jahre 1957 die ersten fachorientierten Arbeitskreise, ab 1959 die ersten methodisch orientierten Arbeitsgruppen. Heute umfaßt die GMDS 18 Arbeitskreise (wie z.B. den A.K. Chirurgie, A.K. Kinderheilkunde, A.K. Pathologie) und 16 Arbeitsgruppen (wie z.B. A.G. Statistische Methoden, A.G. Datenendgeräte, A.G. Terminologie) und zudem einige Fachbereiche, in denen mehrere Arbeitsgruppen zusammengeschlossen sind. Die Leiter dieser Gremien bilden den Gesamtvorstand der Gesellschaft.

Zur Entwicklung des Fachgebietes haben nicht zuletzt die Jahrestagungen der GMDS beigetragen, die - stets sorgfältig vorbereitet und auf ein bestimmtes Rahmenthema abgestimmt - eine ständig wachsende Zuhörerschaft verzeichnen konnten. Die Rahmenthemen der GMDS-Jahrestagungen stellen geradezu einen Spiegel der jeweils aktuellen Problemkreise des Fachgebietes dar. Der erste große Kongreß der Gesellschaft mit internationaler Beteiligung - 1961 in Berlin von MARTINI, PIPBERGER und NACKE gemeinsam geleitet - befaßte sich mit den Problemen der Versuchsplanung in der Medizin. 1962 wurden in Mainz die Methoden der ätiologischen Forschung diskutiert. Die nächste Tagung behandelte 1963 in Köln Fehlerforschung als Aufgabe der medizinischen Dokumentation und die Erfassung und Dokumentation der Arzneimittelschäden. 1964 wurde in Bonn die Anwendung der Dokumentation und Statistik für die medizinische Diagnose erörtert; die Berliner Tagung 1965 stand unter dem Thema "Dokumentation und Statistik maligner Tumoren". Weitere Themen der folgenden Jahre waren Krankheitsfrüherkennung, Laborautomation, Verlaufsdokumentation, Anamnesedokumentation, Analyse multifaktorieller Probleme, das Hospital-Informationssystem, computerunterstützte Diagnostik, Dokumentationsprobleme des öffentlichen Gesundheitsdienstes, klinisch-statistische Forschung, interaktive Datenverarbeitung in der Medizin, Ökologie von Informationssystemen bis hin zur vorjährigen Jahrestagung über "Wege und Irrwege der medizinischen Datenverarbeitung" in der Rückschau der letzten 25 Jahre.

Als eine stets dem Fortschritt aufgeschlossene Gesellschaft, die ihre Aufgabe in der Förderung moderner Wissenschaftsmethoden sieht, hat sich die GMDS nie damit begnügt, auf Tagungen ex cathedra den wissenschaftlichen Fortschritt zu demonstrieren. Vielmehr war sie stets bemüht, die Kenntnis erprobter Methoden der Dokumentation, Statistik und Datenverarbeitung einem möglichst großen Verbraucherkreis nahezubringen und in Lehrgängen, Seminaren und Fortbildungskursen die Ärzte für diese Methoden zu interessieren. Daneben wurden auch jahrelang zahlreiche Ausbildungslehrgänge für medizinische Dokumentationsassistenten durchgeführt, bis diese Veranstaltungen nach der Eröffnung der beiden Schulen in Ulm und Gießen überflüssig wurden.

Im universitären Bereich blieb die Entwicklung des Fachgebietes bis 1960 unbefriedigend; von einigen schüchternen Ansätzen statistischer Vorlesungen an einigen wenigen Universitäten abgesehen, tat sich hier praktisch überhaupt nichts. KOLLER hat die Situation in seinem Handbuchbeitrag (14) über die medizinische Dokumentation als Fachgebiet in den medizinischen Fakultäten trefflich charakterisiert: "In der Zeit der subjektiven Pauschalurteile "geheilt - gebessert - verschlechtert" war die Dokumentation der Einzelbefunde in systematischer Form noch nicht von wesentlicher Bedeutung".

Einen kaum für möglich gehaltenen, beispiellosen und schnellen Wechsel brachten dann die 1960 publizierten Empfehlungen des Wissenschaftsrates zum Ausbau der wissenschaftlichen Hochschulen. Darin hieß es unter anderem wörtlich:
"In den Universitätskliniken kann die Forschung unter den heutigen Bedingungen nicht auf allen Gebieten so betrieben werden, wie es erforderlich wäre........ So wird die deutsche medizinische Forschung beispielsweise durch die völlig unzulängliche und vielfach ganz fehlende

Pflege der medizinischen Statistik und der dazu gehörenden Dokumentation erheblich beeinträchtigt" (S. 423).

"Statistik und Dokumentation stellen wichtige Forschungsmethoden der medizinischen, insbesondere auch der klinischen........Forschung dar" (S. 435). "Die Medizinische Statistik, einschließlich zugehöriger Dokumentation, ist für die medizinische Forschung unentbehrlich, bisher jedoch in den medizinischen Fakultäten fast nicht vertreten. Jede Fakultät sollte daher einen Lehrstuhl erhalten, dessen Hauptaufgabe in der Unterstützung der Kliniken liegt; er könnte aber auch für die Medizinische Statistik in den theoretischen Fächern zuständig sein" (S. 115).

Paul MARTINI kommt das Verdienst zu, bei der Formulierung dieser Empfehlungen maßgeblich mitgewirkt zu haben.

Die Empfehlungen des Wissenschaftsrates fielen bei Ministerien und Fakultäten auf fruchtbaren Boden. Grundsätzlich wurde eingeräumt, daß zukünftig ein Lehrstuhl für Medizinische Statistik und Dokumentation zur Grundausstattung jeder medizinischen Fakultät gehören sollte. Die Hauptaufgaben dieser Lehrstühle sollten sein:
- Hilfe bei der Erstellung, Verarbeitung, Auswertung und Archivierung der Krankenblätter;
- Beratung und Mitarbeit bei der Planung, Dokumentation und statistischen Auswertung klinischer Beobachtungsreihen und Versuche;
- Unterricht im Fachgebiet.

Die erste planmäßige ordentliche Professur wurde 1962 in Mainz eingerichtet und ab Januar 1963 durch Siegfried KOLLER besetzt. Als zweiter Lehrstuhl folgte 1964 Heidelberg, wenig später Kiel. Heute sind an den 26 bundesdeutschen Universitäten 25 Lehrstühle und einige fakultätseigene Abteilungen vertreten. Die Bundesrepublik ist bezüglich der akademischen Vertretung des Fachgebietes heute international in einer führenden Position. Das darf ruhig einmal ausgesprochen werden, selbst wenn auch bei uns noch längst nicht ideale Zustände herrschen. Das betrifft nicht zuletzt die Situation der Lehre im akademischen Bereich, auf die ich aus Zeitmangel nicht detailliert eingehen kann.
Hier sind die Dinge noch weitgehend im Fluß und lokal je nach Herkunft und Interessenslage des Fachvertreters durchaus verschieden (was übrigens kein Nachteil sein muß !). Einigkeit besteht wohl dahingehend, daß

der vom Mainzer Institut für medizinische und pharmazeutische Prüfungsfragen aufgestellte Gegenstandskatalog dem Gesamtinhalt des Fachgebietes bisher nicht in idealer Weise gerecht wird, da er nur die biomathematischen Aspekte hinreichend berücksichtigt, nicht aber die Teilgebiete der medizinischen Dokumentation und der medizinischen Informatik.

Interessierte akademische Kreise bemühen sich mehr und mehr, für den jüngsten, erst nach Eingang des Computers in die Medizin überhaupt entstandenen Teilbereich des Fachgebietes - die medizinische Informatik - eigene Spezialcurricula zu realisieren. Über die derzeitige akademische Situation dieses Bindegliedes zwischen Medizin und Informatik hat erst kürzlich P. KOEPPE (1) ausführlich berichtet. Verbesserte Ausbildungsmöglichkeiten auf diesem Sektor - wie sie insbesondere von P. REICHERTZ gefordert und während seiner Amtszeit als Präsident der GMDS auch tatkräftig gefördert wurden - werden die zukünftige Entwicklung auf diesem Sektor des Fachgebietes zweifellos in positiver Weise beeinflussen.

Es wäre unfair, wollte man die staatlichen Hilfsmaßnahmen unerwähnt lassen, die in der Vergangenheit viel zur Entwicklung des Fachgebietes durch Förderung von Instituten und einschlägigen Projekten beigetragen haben. Dankbar erinnern sich die Älteren unter uns der anfangs der 60er Jahre vom Institut für Dokumentationswesen in Frankfurt/Main und seinem weitblickenden und hilfreichen Direktor, Dr. Martin CREMER, gewährten Anlauffinanzierungen, wodurch zahlreiche Projekte im Bereich der klinischen Dokumentation zum Laufen kamen, mehrere Hochschulinstitute ihre erste Maschineneinrichtung erwerben und die beiden Schulen für medizinische Dokumentationsassistenten in Ulm und Gießen errichtet werden konnten. Ohne die finanzielle Unterstützung durch das Bundesministerium für Jugend, Familie und Gesundheit hätte die GMDS in den Anfangsjahren ihre vielfältigen Aktivitäten nicht in so wirkungsvoller Weise entfalten können. Hier gebührt unser ganz besonderer Dank dem verstorbenen Min.Rat Dr.med. Kurt ZIESMER, der für unsere Nöte immer ein offenes Ohr und eine hilfreiche Hand hatte.

In den letzten Jahren sind die staatlichen Förderungsmittel mehr und mehr auf das BMFT übergegangen. Hier bemüht sich der Sachverständigenkreis "EDV im Gesundheitswesen", dem auch mehrere Ordinarien des Fachgebietes angehören, um eine fachgerechte Beurteilung der Förderungsanträge und eine sinnvolle Zuteilung von Förderungsmitteln für förderungswürdige Projekte, insbesondere auf dem Gebiet der medizinischen Informatik.

Nach dieser sehr kursorischen Tour d'horizon möchte ich noch einige Bemerkungen zur Rolle unseres heutigen Jubilars bei der Entwicklung unseres Fachgebietes - ebenfalls aus sehr persönlicher Sicht - anfügen.

Als Mathematiker und Mediziner damals wie heute ein avis rarus, wurde Siegfried KOLLER als Leiter der Statistischen Abteilung des Kerckhoff-Instituts für Herz-und Kreislaufforschung in Bad Nauheim schon in den 30er Jahren mit der statistischen Problematik in der Medizin konfrontiert. Bereits damals veröffentlichte er seine ersten Arbeiten über medizin-statistische Probleme.

Während des 2. Weltkrieges sammelte KOLLER wesentliche Dokumentationserfahrungen als Mitarbeiter von Generalarzt Prof.Dr. H. MÜLLER am Zentralarchiv für Wehrmedizin in Berlin, der Stelle, die als erste in Deutschland (und wohl auch in Europa) moderne Methoden der mechanisierten Dokumentation mittels Lochkarten und Lochkartenmaschinen im Bereich der Medizin eingesetzt hat. Es ist keineswegs allgemein bekannt geworden, daß hier bereits während des Krieges die Krankengeschichtsinhalte deutscher Soldaten nach standardisierten Schlüsseln dokumentiert und auf Lochkarten übertragen wurden. Bevor aber noch die zu damaliger Zeit einzigartige Sammlung von rund 15 Mio. lochkartengerecht erfaßten Krankengeschichten wissenschaftlich ausgewertet werden konnte, fiel sie den Kriegswirren beim Einmarsch der Russen in Berlin zum Opfer.

Nach dem Krieg und nach Rückkehr aus längerer Kriegsgefangenschaft gehörte KOLLER sehr schnell wieder zu dem "Fähnlein der sieben Aufrechten", die unbeirrbar an die Zukunft der Datenverarbeitung in der Medizin glaubten. Mit seinen speziellen Kenntnissen aus der Arbeit im Zentralarchiv für Wehrmedizin wurde er einer der Väter des Allgemeinen Krankenblattkopfes - des frühen Vorbildes einer standardisierten Krankenblattdokumentation. Als Leiter der Abteilung für Bevölkerungs- und Kultur-Statistik am Statistischen Bundesamt in Wiesbaden war er von 1958 - 1962 maßgeblich am Wiederaufbau der amtlichen Medizinalstatistik in der Bundesrepublik beteiligt. Er wurde in zahlreiche Beratungsgremien berufen, beispielsweise in den Bundesgesundheitsrat, in das Internationale Statistische Institut, in den Expert Advisory Panel on Health Statistics der WHO, in den Wissenschaftlichen Beirat der Bundesärztekammer, in den Sachverständigenkreis "EDV im Gesundheitswesen" des BMFT und viele andere. Im Jahre 1963 übernahm er - wie bereits erwähnt - die erste ordentliche Professur des Fachgebietes an der Universität Mainz. Als "Eisbrecher" sorgte er in der Folgezeit für die Errichtung weiterer Lehrstühle für das neue Fach.

In Mainz entwickelte KOLLER sehr bald eine ausgedehente Lehr- und Beratungstätigkeit. Der Ruf des Instituts und die Attraktivität seiner Vorlesungen zog zahlreiche junge, vielversprechende Wissenschaftler an, die in Mainz eine ausgezeichnete Ausbildung erhielten und in größerer Zahl zur Habilitation kamen. Heute sitzen Schüler von KOLLER als Ordinarien auf den Lehrstühlen in Erlangen, Gießen, Lübeck, Mainz und München.

Auch im Rahmen der GMDS hat sich KOLLER stets in den Dienst der Sache gestellt. Daß er von 1953 bis Ende 1955 die "Untergruppe Medizin" des Ausschusses zur Mechanisierung der Dokumentation in der DGD - den Vorläufer der GMDS - führte, habe ich schon eingangs erwähnt. Später hat KOLLER nicht weniger als drei Jahrestagungen der Gesellschaft geleitet: die 7. Jahrestagung der GMDS 1962 in Mainz mit dem Generalthema "Methoden der ärztlichen Forschung", 1965 gemeinsam mit G.WAGNER und H.HOSEMANN die 10. Jahrestagung in Berlin zum Thema "Dokumentation und Statistik maligner Tumoren" und 1974 gemeinsam mit J. BERGER die 19. Jahrestagung in Mainz unter dem Rahmenthema "Klinisch-statistische Forschung". Daneben hat sich KOLLER wiederholt für Fortbildungsveranstaltungen der GMDS zur Verfügung gestellt; so hat er beispielsweise gemeinsam mit H.-J. HEITE 1966 das von 132 Teilnehmern besuchte Ärzteseminar über "Statistische Methoden und Versuchsplanung in der Medizin" durchgeführt.

Es gibt kaum einen Bereich unseres breitgefächerten Fachgebietes, zu dem KOLLER nicht maßgebliche Veröffentlichungen beigesteuert hat, seien es seine Arbeiten und Handbuchbeiträge zur statistischen Methodenlehre (3, 6, 7, 8), zur Problematik der Normalwerte in der Medizin (9), seine Stellungnahmen zur Nomenklatur und Klassifikation der Krankheiten (4, 16),zur sogenannten Computer-Diagnostik (10, 13), zur Literaturdokumentation (2) oder zur allgemeinen Entwicklung des Fachgebietes (5, 14), um nur ganz willkürlich einige wenige Beispiele herauszugreifen. Besonders bekannt sind seine "Graphische Tafeln zur Beurteilung statistischer Zahlen" (11) - 1969 in 4. Auflage erschienen. Erwähnt sei hier auch eine im Auftrag des BMJFG durchgeführte Ärzteanalyse - Zahl, Struktur und Nachwuchsbedarf der Ärzte (12). Von seiner ungebrochenen Schaffenskraft zeugte die jüngste temperamentvolle Publikation "Angriff auf den Forschritt der Medizin" (15), in der er die Behauptungen des Bielefelder Strafrechtlers Martin FINCKE von der Strafbarkeit kontrollierter klinischer Versuche ad absurdum führt.

Meine persönliche Bekanntschaft mit Siegfried KOLLER datiert weit zurück; im Jahre 1944 hat er mich in Berlin im Fach "Vererbungslehre" im medizinischen Staatsexamen geprüft und mein Wissen mit "Sehr gut" bewertet. Später sind wir uns dann durch die GMDS nähergekommen. Eine echte Freundschaft entstand während der jahrelangen intensiven Zusammenarbeit als Koeditoren des Handbuches der medizinischen Dokumentation und Datenverarbeitung (17), das ja trotz der rasanten Entwicklung auf dem Datenverarbeitungssektor immer noch das Standardwerk unseres Fachgebietes ist und vorerst wohl bleiben wird.

Aufgrund dieser freundschaftlichen Beziehungen glaubte ich mich berechtigt, im Rahmen dieser kurzen Übersicht auch einige Streiflichter auf den persönlichen Beitrag KOLLERS zur Entwicklung unseres Faches zu werfen. Ich denke, ich darf im Namen aller seiner vielen Freunde, Schüler und Kollegen hier kurz und lapidar konstatieren: "Siegfried KOLLER hat sich um die Entwicklung des Fachgebietes der Medizinischen Statistik und Dokumentation verdient gemacht". Ihm anläßlich seines 70. Geburtstages dafür zu danken, ist uns allen ein echtes Anliegen.

## LITERATURVERZEICHNIS

1.) KOEPPE, P.:
Education in medical informatics in the Federal Republic of Germany
Meth.Inf.Med. 16, 160-167 (1977)

2.) KOLLER, S.:
Die Eigentypisierung einer medizinischen oder naturwissenschaftlichen Veröffentlichung durch den Autor
Nachr.Dok. 6, 117-120 (1955)

3.) KOLLER, S.:
Statistische Auswertung der Versuchsergebnisse
S. 931-1036 in: HOPPE-SEILER-THIERFELDER: Handbuch d.physiolog. u. pathol.-chem. Analyse, Band II
Springer, Berlin-Göttingen-Heidelberg, 10. Aufl. 1955

4.) KOLLER, S.:
Der Versuch einer Entwicklung einer systematischen Klassifikation von Krankheiten nach Verlaufsformen und Komplikationen im Zentralarchiv für Wehrmedizin
Wehrmed.Mitt. 6, 86-88 (1960)

5.) KOLLER, S.:
Ein Institutsprojekt nach den Empfehlungen des Wissenschaftsrates zur Einrichtung von Lehrstühlen und Instituten für medizinische Statistik und Dokumentation
Med.Dok. 5, 29-35 (1961)

6.) KOLLER, S.:
Die Aufgaben der Statistik und Dokumentation in der Medizin
Dtsch.med.Wschr. 88, 1917-1924 (1963)

7.) KOLLER, S.:
Einführung in die Methoden der ätiologischen Forschung, Statistik und Dokumentation
Meth.Inf.Med. 2, 1-13 (1963)

8.) KOLLER, S.:
Systematik der statistischen Schlußfehler
Meth.Inf.Med. 3, 113-117 (1964)

9.) KOLLER, S.:
Die Problematik der Normalwerte in der Medizin
S. 141-156 in: GRIESSER, G., WAGNER, G. (Hrsg.):
Automatisierung des klinischen Laboratoriums
F.K. Schattauer, Stuttgart, 1968

10.) KOLLER, S.:
Wann ist die Computer-Hilfe in der Diagnostik für die Praxis anwendungsreif ?
Dtsch.Ärztebl. 66, 795-799 (1969)

11.) KOLLER, S.:
Graphische Tafeln zur Beurteilung statistischer Zahlen
D. Steinkopf, Darmstadt, 3. Aufl. 1953, 4. Aufl. 1969

12.) KOLLER, S. (Hrsg.):
Ärzteanalyse aufgrund der Volkszählung 1961 - Zahl, Struktur und Nachwuchsbedarf der Ärzte
BMJFG-Bundesdruckerei, Bonn, 1970

13.) KOLLER, S.:
Computer - Ein Hilfsmittel für die Diagnostik
S. 3-8 in: BOCK, H.E., EGGSTEIN, M. (Hrsg.):
Diagnostik-Informationssysteme
Springer, Berlin-Heidelberg-New York, 1970

14.) KOLLER, S.:
Die medizinische Dokumentation als Fachgebiet in den medizinischen Fakultäten
S. 1422-1427 in: KOLLER, S., WAGNER, G. (Hrsg.):
Handbuch der medizinischen Dokumentation und Datenverarbeitung
F.K. Schattauer, Stuttgart, 1975

15.) KOLLER, S.:
Angriff auf den Fortschritt der Medizin. Behauptung der Strafbarkeit kontrollierter klinischer Therapieversuche
Fortschr.Med. 95, 2570-2574 (1977)

16.) KOLLER, S., MIKAT, B.:
Ziel und Zweck der Aufstellung einer deutschen Nomenklatur und einer deutschen systematischen Klassifikation der Krankheiten
Dtsch.Ärztebl. 57, 729-733 (1960)

17.) KOLLER, S., WAGNER, G. (Hrsg.):
Handbuch der medizinischen Dokumentation und Datenverarbeitung
F.K. Schattauer, Stuttgart, 1975

18.) WAGNER, G.:
Chronik der GMDS
S. 1392-1409 in: KOLLER, S., WAGNER, G. (Hrsg.):
Handbuch der medizinischen Dokumentation und Datenverarbeitung
F.K. Schattauer, Stuttgart, 1975

# DAS BILDUNGSZIEL DER MEDIZINISCHEN STATISTIK

Siegfried Koller, Mainz

Das Studium der Medizin vermittelt in erster Linie eine *Ausbildung* für den Arztberuf. Spezielle Fachkenntnisse, berufsbezogene Fertigkeiten und Techniken stehen als Lernziele im Vordergrund. Neben der Ausbildung tritt die Vertiefung der *Bildung* im allgemeinen und umfassenden Sinne - wie auch bei den meisten anderen Studiengängen - merklich zurück. Allerdings gehören viele Grunderkenntnisse, auf denen das Wissen vom Leben allgemein und vom menschlichen Leben besonders beruht, zum Unterrichtsstoff, so daß die Voraussetzungen für eine in die Tiefe gehende Bildung beim Mediziner besonders gut sind.

Es kommt hinzu, daß beginnend im Studium und dann besonders bei der Berufsausübung Kontakte mit allen Lebensbereichen des Menschen entstehen, die der Arzt besonders in Krisen und in Verbindung mit allen menschlichen - somatischen und psychischen - Leistungs- und Versagenssituationen persönlicher und gesellschaftlicher Art kennenlernt. Diese vielseitigen und verflochtenen Erfahrungen braucht ein guter Arzt. Um nicht nur eine Krankheit zu behandeln, sondern dem kranken Menschen helfen zu können, muß er über eine nur handwerkliche Berufsausübung durch umfassendes Wissen und Verstehen hinauswachsen. So kommt es, daß viele Ärzte zu den wirklich tief und umfassend gebildeten Menschen gehören.

Zur Bildung gehört nicht vielseitiges Wissen, sondern das Nachdenken über die Grundlagen des Wissens. Die Medizin ist eine Erfahrungswissenschaft. Wie man "Erfahrung" gewinnen und sie anwenden kann, ist ein altes und immer wieder neu aufzugreifendes Grundproblem. Erfahrung ist Beobachten, Vergleichen, in Erinnerung behalten, ordnen und immer wieder Neues hinzufügen und ebenso verarbeiten. *Vergleichendes Ordnen, ordnendes, zuordnendes Vergleichen mit früheren Bildern ist der Kernpunkt des aktiven empirischen Lernens.* Schon beim Kind ist es so. Wenn das Kind die Mutter auch bei wechselndem Gesichtsausdruck, bei wechselnden Frisuren und in verschiedener Kleidung erkennt, so hat es einen gewaltigen Schritt auf der Stufenleiter des empirischen Lernens getan. Es ist durch eigene Leistung zur Erkennung des Wesentlichen, des Typischen gekommen, hat die zufälligen, wechselnden Begleiterscheinungen als unwesentlich gewissermaßen beiseite geschoben. So lernt das Kind andere Personen, auch Gegenstände, durch eigene intuitive Leistung erkennen und unterscheiden.

In einer empirischen Wissenschaft ist nun der Bereich der Gewinnung von Erfahrung und ihrer Anwendung wohl etwas, gar nicht so sehr viel weiter als beim kindlichen Lernen. Gewiß haben sich die Objekte außerordentlich vervielfacht, aber die - wenn wir es so ausdrücken wollen - methodologischen Grundlagen sind im Prinzip mit einigen Erweiterungen dieselben geblieben. Sie sind nur bewußt geworden. Das allerdings ist die größte, die wahrhaft menschliche Leistung.

Wir *beobachten* nicht nur unwillkürlich, sondern auch bewußt. Wir *erinnern* uns nicht nur auf natürliche geheimnisvolle Weise, sondern wir dokumentieren und speichern die Beobachtungen bewußt und teilen sie anderen mit. Wir *vergleichen* nicht mehr nur unbewußt und unwillkürlich, sondern tun dies anhand von schriftlichen Aufzeichnungen auf vielfache Weise, wir haben auch eine Methodologie des Vergleichens entwickelt. Wir dokumentieren und sammeln auch die Vergleiche.

Wir *ordnen* beim Vergleichen und sammlen Ähnliches, Gleichartiges. Wenn Ähnliches bestimmter Art mehrfach oder gar häufig vorkommt, geben wir dem sogar eine bestimmte Bezeichnung, durch die die Kommunikation mit anderen nicht nur erleichert, sondern überhaupt erst möglich wird. Dabei wird auch wieder einer der wichtigsten Prozesse der Abstraktion eingesetzt, die Herausarbeitung der bei bestimmten Vergleichen stets vorhandenen, also der dafür wesentlichen Merkmale gegenüber den wechselnden, also jeweils unwesentlichen Merkmalen.Nennen wir es "Typisierung"; es ist die *Erkennung eines Typus*, wenn er in der Wirklichkeit als solcher vorkommt; dagegen ist es die *Bildung eines Typus*, wenn dieser erst durch ein menschliches Vergleichs- und Ordnungssystem in die Fülle der Erscheinungen hineingetragen wird. Ein Typus ist eine Mehrzahl von Einzelerscheinungen mit übereinstimmenden Merkmalen.
Im Extremfall wird der Typus durch scharf abgegrenzte Merkmale eindeutig definiert, wie bei Art- und Gattungsbegriffen; im allgemeinen wird aber ein Mehr oder Weniger der Ausprägung, auch ein Fehlen des einen oder anderen Merkmals, zugelassen. Die Blutgruppen sind Beispiele für scharf abgegrenzte Typen; die meisten medizinischen Begriffe beziehen sich auf Typen ohne völlig scharfe Abgrenzung (Krankheiten, Kon-

stitution, Zelltypen usw.). Typen, auch die mit ihnen verbundenen Begriffe und die Bezeichnungen dafür, sind im allgemeinen von ihrem Schwerpunkt, von ihren am häufigsten vorkommenden Erscheinungsformen aus definiert. Genaue randscharfe Abgrenzungen fehlen meist, werden aber in der praktischen Anwendung dringend gebraucht.

Wenn Typen aufgestellt sind, so ist der nächste Schritt die *Zuordnung des Einzelfalles* zu einem oder mehreren der Typen - die Diagnostik -, also das, was beim Kind in der einfachsten Form das Wiedererkennen ist. Dies ist nun aber nicht mehr Erfahrung selbst, sondern schon Anwendung der Erfahrung. Worauf beruht die Anwendung der Erfahrung ? Offenbar darauf, daß man das, was man aus der Erfahrung abgeleitet hat, auch für einen neuen, in der früheren Erfahrung nicht enthaltenen Fall als gültig ansieht und so für die Erkenntnis des neuen Falles Nutzen aus der zurückliegenden Erfahrung zieht. Diese Hypothese der Übertragbarkeit der Lehren aus der Vergangenheit auf die Gegenwart und die Zukunft bestimmt unser reales Handeln. *Wir transponieren die Erfahrung in eine Erwartung und handeln gemäß der Erwartung.*

Beim Kind beginnt dieser Prozeß mit den ersten unbewußt von Erfahrung und Erwartung geprägten und über Saugreflexe hinausgehenden Handlungen, wie z.B. beim Mundöffnen schon beim Anblick der mütterlichen Brust oder der Milchflasche.

Das Handeln gemäß einer aus der Erfahrung übertragenen Erwartung bestimmt weitgehend unser Leben im Alltag wie in der Wissenschaft. In der Medizin stellen wir eine Diagnose aufgrund der bisherigen nosologischen Gliederung und erwarten nach der Zuordnung eines neuen Krankheitsfalles in eine der Kategorien z.B., daß die Erfahrungen über den weiteren Verlauf bei Anwendung einer bestimmten Therapie auch hier wieder gelten werden. Sogar in der statistischen Vergleichstechnik bestimmen wir oft die Erwartung aus der Erfahrung. Wenn z.B. eine neue Therapie beurteilt werden soll, so prüfen wir in einem statistischen Vergleich die sogenannte Nullhypothese, ob nicht vielleicht alles beim Alten, bei den bisherigen Erfahrungswerten geblieben ist. Wir formulieren dabei direkt eine kritisch aufgefaßte Erwartung, daß auch die neue Behandlung etwa ebenso wirkt wie die bisherige.

Diesen Weg vom Wesen der Erfahrung bis in die statistische Methodik wollen wir aber nicht in einem Sprung, sondern schrittweise zurücklegen. Dabei ist festzustellen, daß die verschiedenen Schwerpunkte unseres Fachgebietes, nämlich die medizinische Statistik, die medizinische Dokumentation und die medizinische Informatik an den einzelnen Stellen unserer Übersicht schon deutlich angesprochen wurde. Mir liegt hier vor allem am statistischen Problemkreis. Wir führen im Unterricht den Studenten in die Verfahrensweisen der Statistik ein; wir zeigen ihm, wie man Statistiken aufstellt, wie man Vergleiche bei quantitativen und qualitativen Variablen durchführt, wie man die biologische Variabilität und Zufallskomponenten in den zahlenmäßigen Ergebnissen berücksichtigt, was die GAUSS'sche Normalverteilung bedeutet, wie man Korrelationskoeffizienten berechnet usw. Das sind statistische Techniken; doch was sind die erkenntnismäßigen Grundlagen, die dahinter stehen ? Welche Erkenntnismöglichkeiten bieten sie für medizinische Fragestellungen ? In der Approbationsordnung für Ärzte steht für unser Fachgebiet, das nach dem ersten Abschnitt des klinischen Studiums geprüft wird, als eines der Unterrichtsziele: "Grundsätze der Erkenntnisgewinnung durch mathematische, insbesondere statistische Methoden".

Der reale Unterricht erlaubt freilich nur die Behandlung von Beispielen und die Erarbeitung der jeweils darauf bezogenen Erkenntnis. Zur Darstellung der Grundlagen ist wenig Zeit und gemäß der ausgesprochenen lern- und prüfungsbezogenen Unterrichtsgestaltung meist auch wenig Interesse. Daß früher im freiwilligen Unterricht gerade die Grundfragen der Erkenntnismöglichkeiten besonders rege Aufmerksamkeit fanden, wissen nur wir Älteren.

Alle vorhin geschilderten Aufgaben der empirischen Erkenntnisgewinnung spiegeln sich in der Statistik wider. Sie bildet geradezu die Übersetzung der früher intuitiv abgelaufenen Vorgänge ins Bewußte. Warum aber gerade in zahlenmäßige, quantitativ ausgerichtete Verfahren, in Ansätze, die es - zunächst wenigstens - nicht mit dem Individuum, sondern mit einer begrifflich schwer beschreibbaren Masse von Individuen zu tun haben ?

Die Antwort ergibt sich aus dem Rückblick auf die Entwicklung der Erfahrungsgewinnung. Das in Erinnerung gebliebene gleichartige Gerüst vieler ähnlicher Einzelbilder macht die übertragbare, also lehrbare Erfahrung aus. Wohl stets ist es, wenn wir es abstrakt ausdrücken, eine Massen- oder Wiederholungserscheinung, die hinter der Erfahrung steht. Also muß geradezu der Erfahrungsgewinnungsprozeß als statistischer

Massenprozeß formalisiert werden. Nur das ist seinem Wesen adäquat. Nur das, was regelhaft ist, also was sich in Wiederholungen bestätigt, ist lehrbar.

Nun scheint gerade für den Arzt zwischen der zu behandelnden Krankheit der Einzelperson und einer statistischen Massenaussage ein tiefer Gegensatz zu bestehen. Schon vom ersten Tag des klinischen Studiums an lernt der Medizinstudent den Kranken in seiner Individualität zu sehen; die Schematisierung in der Statistik zu einem "Fall der Krankheit X" und statistische Aussagen über 100 Fälle der Krankheit scheinen nicht dazu zu passen.

Gibt es denn eigentlich das Abstraktum "Krankheit X" ? Wer diese abstrakte Vorstellung hat, lernt nur den berühmten Modellfall dieser Krankheit , den es in Wirklichkeit in einer solchen Reinheit vielleicht gar nicht gibt. Das wäre die Krankheit X als "Idealtyp" X (nach Max WEBER). Alles was im wirklichen Krankheitsfall daran fehlt, ist dann Abweichung, Unvollständigkeit, Ausnahme oder was man sonst an disqualifizierenden Begriffen für die Wirklichkeit haben mag.

In deutlichem Gegensatz zu diesem Begriffspaar Regelfall (Idealtyp): Ausnahme steht nun konzeptionell die regelhafte biologische Variabilität mit Gleichwertigkeit der Varianten, denen nur Häufigkeitsunterschiede zukommen. Auch das zum Kompromiß zielende Wort "Die Ausnahme bestätigt die Regel" hält im Grunde den Gegensatz von Ausnahme und Regel fest. Tatsächlich aber gehören die Varianten zur Regel.

Was ich vorhin über die Transponierung der Erfahrung in eine Erwartung sagte, gilt nicht nur für die Durchschnittserwartung, die die Art des Handelns regelt, sondern auch für die Variabilität. Der Erwartungswert ist mathematisch als Durchschnittswert definiert. Wir erwarten aber auch Abweichungen von der Erwartung.

Im statistischen Sinne ist Krankheit X die Masse der Kranken mit Krankheit X. Die Masse hat bestimmte Eigenschaften, zum Beispiel, daß Symptom I bei 85 % der Kranken vorkommt, andere Symptome vielleicht bei 5o % oder 60 %, daß drei Viertel der Kranken zwischen 5 und 15 Jahre alt sind usw. Für die Masse der Kranken können noch weitere Kategorien von Aussagen gelten: Bei Behandlung mit Medikament A werden 80 % gesund - wie auch immer "gesund" definiert sein mag-, 1o % bekommen Re-

zidive. Oder : Nach fünf Jahren leben noch 40 %. Oder eine andere Art der Massenaussage: Die Krankheitshäufigkeit ist unter Rauchern zehnmal so hoch wie unter Nichtrauchern. Oder: Die Häufigkeit von Neuerkrankungen hat im Vergleich zum Vorjahr um 50 % zugenommen.
Alle diese Aussagen haben für den einzelnen Kranken keinen Sinn. Er bekommt ein Rezidiv oder er bekommt keines - aber nicht zu 10 %.

Die Erfahrungen über die Therapieerfolge bei einer Krankheit haben den Charakter einer Gesetzmäßigkeit nur als statistische Massenerscheinungen. Wir wollen das etwas genauer betrachten: Es mögen unter Therapie A 60 % ohne bleibende Folgen geheilt werden. 60 % ist eine Durchschnittsaussage, aber "Therapie A" ist auch eine Durchschnittsfeststellung. Selbst eine Dosierung nach mg pro kg Körpergewicht oder bei Kindern noch nach dem Alter gestaffelt, mag für einen eine relativ hohe Dosis, für den anderen eine zu niedrige sein. Die Wirkung mag je nach Krankheitsschwere, Vorbehandlung, sonstigen Krankheiten, dem sogenannten allgemeinen Körperzustand, nach der Suszeptibilität usw. sehr unterschiedlich sein. Dies alles bestimmt im Zusammenwirken letztlich die individuelle Reaktionsweise auf die Therapie und führt zu Erfolg oder Mißerfolg. Leider wissen wir auch im nachhinein nur selten, woran jeweils der positive oder negative Ausgang gelegen hat.

Die klinisch-therapeutische Forschung muß sich bisher überwiegend auf Pauschalaussagen beschränken, die im Durchschnitt richtig sind. Mancher denkt wohl auch, mit einer solchen allgemeinen Wirksamkeitsprüfung sei die Reichweite der Statistik erschöpft. Das ist aber keineswegs der Fall. Die Erforschung der Bedingungen, auch Nebenbedingungen der Wirksamkeit, ist statistisch im Prinzip durchführbar. Dies kann z.B. auf dem Wege über die prognostischen Indikatoren erfolgen, in denen man retrospektiv die Bedeutung und die gegenseitige Rolle der einzelnen Faktoren der besonderen Krankheitssituation der jeweiligen Kranken an den erfaßbaren Merkmalen quantitativ gewichtet. Diese Risiko- bzw. Erfolgsindikatoren sind von hoher Bedeutung, sind sie doch ein wichtiger Meilenstein in der richtigen Richtung, nämlich von der pauschalen Aussage schrittweise den jeweiligen individuellen Bedingungen näher zu kommen, also dem Arzt in seiner Individualverantwortung besser zu helfen.

Statistisch schematisiert mag man sich das im Modellversuch so vorstellen: Man hat eine große Lostrommel mit Losen, die ein Zeichen für

Erfolg (60 %) oder Mißerfolg (40 %) haben. Die Lose haben verschiedene Farben und zusätzliche Zeichen. Sortiert man die Lose nach Farben und Zeichen, so mag sich herausstellen, daß bei den roten Losen mit einem Kreuz als Zeichen nur 10 % das Erfolgszeichen haben, gelbe Lose mit einem A, aber keinem Kreuz, dagegen 95 %. In der zweiten Gruppe ist die Therapie besonders aussichtsreich, in der ersten kontraindiziert.
Trotz der Heterogenität der Lose gelten die Wahrscheinlicheitsgesetze für das Ziehen von Erfolgslosen für die Durchschnittswahrscheinlichkeit 60 %, solange man nicht irgendwelche Serien nach Farben oder Zeichen zieht. Ich erwähne das deshalb, weil für den Arzt oft die Denkschwierigkeit besteht, eine Durchschnittswahrscheinlichkeit als Urteilsbasis für den Einzelfall anzuerkennen, weil er weiß, daß sie infolge irgendwelcher Individualbedingungen für diesen Patienten "eigentlich" nicht zutreffen kann, sondern daß er zu einer günstigeren oder ungünstigeren - jedenfalls vom Durchschnitt abweichenden - Untermenge gehört. Die für den Arzt entscheidend wichtige Berücksichtigung der Individualität des Patienten steht also nicht im Gegensatz zur Statistik, sondern ist durch statistische Arbeitstechniken lösbar, zu denen allerdings ziemlich große Datenmengen gehören, die solche Individualisierungsschritte zulassen. Je mehr spezifische einschränkende Bedingungen an die einzelnen Teilmengen gestellt werden, umso kleiner wird allerdings die sie erfüllende Teilmenge. Der durch die Untergliederung erreichte Informationsgewinn macht eine statistische Maßzahl über diese einzelne Teilmenge situationsspezifischer und verbessert ihre deskriptive und analytische Aussagekraft. Die schrittweise erreichte größere Homogenität innerhalb der Teilmenge macht alle Aussagen für die Elemente der Menge gleichmäßiger gültig. (Darin kann man eine Analogie zu den Grundsätzen der allgemeinen Begriffsbildung sehen, obwohl für die einzelnen Teilmengen keine gesonderten Bezeichnungen mehr geprägt werden: Umfang und Inhalt eines Begriffes stehen im Gegensatz zueinander. Je größer der Inhalt eines Begriffes ist, je mehr Merkmale er also zu seiner Definition braucht, umso kleiner ist sein Umfang, d.h. für umso weniger Gegenstände, Personen o.a. trifft er zu).

Die *Polarität von Masse und Einzelfall* ist ein umfassendes Phänomen, das in der Statistik eine eigenartige Form findet. Statistische Aussagen können nur aus Massen gleichartiger Elemente gewonnen werden und eigentlich gelten sie auch nur für Massen.

Eine Nebenwirkung: Die Gültigkeit einer Gesetzmäßigkeit für jeden Einzelfall oder für statistische Klassen macht wissenschaftssystematisch z.B. den Unterschied zwischen den sogenannten exakten Naturwissenschaften und den biologischen Wissenschaften aus. In den klassischen Teilen der Physik und Chemie ist jeder einzelne Versuch exakt reproduzierbar; die Gesetze regeln den Einzelfall. In den biologischen Wissenschaften ist kein Einzelversuch am anderen Individuum voll reproduzierbar; die Gesetzmäßigkeiten gelten nur im statistischen Sinne für Massen von Individuen und sind dort mit gewissen Streuungsbereichen reproduzierbar. Wenn in einer bestimmten Krankengruppe z.B. ein Laborwert durchschnittlich 50 % über dem Durchschnittswert gesunder Personen liegt, so gilt das für vergleichbare Krankengruppen im nächsten Jahr und an anderen Orten auch.

Die Statistik beschäftigt sich, wie gesagt, ausschließlich mit Massen- und Wiederholungserscheinungen. Nun ist aber das Eigenartige, daß im Gegensatz hierzu in der Praxis die statistischen Feststellungen überwiegend auf Einzelfälle angewendet werden. Das ist selbstverständlich, wenn die Aufgabe darin besteht, Einzelfälle in eine typologische Systematik einzuordnen, also z.B. bei einer Schwangeren den Rhesus-Faktor zu bestimmen. Das wäre uninteressant, wenn nicht statistisch die Gefährdungsmöglichkeit des Kindes in einer der Klassen festgestellt worden wäre.

Überhaupt jede quantitative Feststellung gewinnt ihre Bedeutung erst durch einen Bezugsrahmen auf einen größeren Bereich bzw. eine Personenmenge. Die Feststellung eines systolischen Blutdrucks von z.B. 140 mmHg ist als solche völlig belanglos, sofern man sie nicht vor dem Hintergrund der Blutdruckverteilung z.B. der 20jährigen oder 70-jährigen Frauen sieht. Die Position des Einzelnen vor dem Hintergrund einer Gesamtheit, zu der er gehört, läßt erst ein Urteil zu. Dies ist, so trivial es ist, ein wichtiger Aspekt der Beziehung zwischen Einzelfall und Masse. *Erst wenn wir die anderen kennen, können wir den Einzelnen beurteilen.*

Sehen wir es noch einmal in einer anderen Variante an: Es kann wichtig sein, den Blutdruck einer Person stündlich zu messen oder sogar fortlaufend zu registrieren. Es wäre aber unsinnig, die Körperlänge täglich zu messen oder die Blutgruppe täglich zu bestimmen. Wir wissen, daß diese Merkmale konstant sind. Wir wissen um die Gesetzmäßigkeiten und können diese zur Rationalisierung des Beobachtungssystemes nutzen. Man kann dies als einfachen Sonderfall eines Wortes von EINSTEIN auffassen: Erst die Theorie entscheidet darüber, was man beobachten kann.

Das ständige Wechselspiel zwischen Beobachtung und Theorie und dann zur theoretisch systematisierten und gegebenenfalls reationalisierten vereinfachten Beobachtung kennzeichnet weitgehend den wissenschaftlichen Arbeitsprozeß. Banaler ausgedrückt als im EINSTEIN'schen Zitat sagen wir: Es gibt nichts Praktischeres als eine gute Theorie. Und vom Standpunkt der Statistik haben wir es vorhin so formuliert, daß bei jeder Variablen nicht der Beobachtungswert für sich allein, sondern erst im Bezug auf eine Gesamtheit, zu der er gehört, eine Beurteilung zuläßt. Dies ist z.B. besonders bei der Erkennung von Risikofaktoren von Bedeutung.

Die Anwendung der Statistik auf Einzelfälle zeigt sich sogar bei den methodischen Kernproblemen der medizinischen Statistik. Oft haben wir es mit Ergebnissen von Beobachtungsreihen zu tun, z.B. beim Vergleich zweier Behandlungsverfahren. Ein Beispiel für unsere Standardüberlegungen: Verfahren A habe bei 50 Behandlungen 30 Erfolge, Verfahren B 40. B hat besser abgeschnitten. Aber die Wahrscheinlichkeitsrechnung zeigt, daß auch dann, wenn beide Verfahren gleichwertig sind (sogenannte Nullhypothese), solche und noch größere Unterschiede in 3 % aller solchen Vergleichen vorkommen. Wir erwarten ja nicht die volle Realisierung der Erwartung, sondern Abweichungen von der Erwartung. Also, wenn man 100 solche Doppelreihen zu je 50 Fällen aus derselben Lostrommel zieht, werden dreimal Unterschiede dieser Größen gefunden werden, also ziemlich selten. Ein solcher Fall könnte hier vorliegen. Es könnte natürlich auch anders sein, indem zwischen den beiden Behandlungsformen wirkliche Unterschiede bestehen und dann nicht ein seltenes, sondern ein ganz gewöhnliches, häufig vorkommendes Ergebnis vor uns liegt. Diese beiden Möglichkeiten sind für uns nicht unterscheidbar. Zur praktischen Arbeit ist ein Willensakt unvermeidlich; wir müssen uns für eine der beiden Möglichkeiten entscheiden und tun dies in allgemeiner Übereinkunft an den Grenzen, die zu 5 % bzw. 1 % Irrtumswahrscheinlichkeit (sogenannte Signifikanzgrenzen) für fehlerhaftes Verwerfen der Nullhypothese gehören.

Ich will jetzt nicht speziell auf die Problematik dieses Entscheidungsprozesses eingehen, sondern auf das Thema Masse gegen Einzelfall zurückkommen: Obwohl unser Therapievergleich auf dem Vergleich größerer Personenzahlen beruhte, ist das Ergebnis, der Häufigkeitsvergleich, als Einzelfall zu beurteilen, und zwar ein Fall aus einer hypothetischen Masse noch anderer Vergleiche von Doppelreihen desselben Umfanges. Durch standardisierende Rechnungen kann man den Modellbereich erweitern, aber es bleibt das Prinzip, daß der jeweils vorliegende statistische Vergleich als ein Fall aus einer Masse anderer Vergleiche, also einer Statistik von Statistiken, zu beurteilen ist.

Das Arbeiten mit Signifikanzgrenzen (1 % oder 5 %), die das wissenschaftliche Handeln regeln, kommt dem Anwender der Statistik oft reichlich gekünstelt vor. Dabei spiegelt es nur unser Verhalten im täglichen Leben wider, nämlich die Umwandlung einer Erfahrung in die Erwartung, sowie dabei die Vernachlässigung kleiner Wahrscheinlichkeiten. Wir gehen auf der Straße über den Damm, auch wenn ein Auto kommt. Aus der Erfahrung und der Entfernungs- und Geschwindigkeitsbeobachtung machen wir eine Schätzung, ob wir noch vor dem Auto hinüberkommen werden. Wir wissen weiter, daß die Wahrscheinlichkeit zu stolpern, mit dem Fuß umzuknicken, auf einer Obstschale auszurutschen oder anderes klein,aber nicht Null ist. Wir vernachlässigen diese Wahrscheinlichkeit, wenn wir sie für klein halten und überqueren den Damm. Ohne die Vernachlässigung kleiner Risiken könnten wir den Alltag überhaupt nicht überstehen; wir könnten keine Treppe hinuntergehen, könnten weder Auto noch Bahn fahren, nicht im Flugzeug fliegen, keinen Sport treiben usw.

Die systematische Vernachlässigung kleiner Risiken für eine Fehlentscheidung gehört ebenso zum Alltagsleben wie zur Wissenschaft, aber hier will ich es mir lieber versagen, dafür Beispiele aus anderen empirischen Wissenschaftsgebieten zu nennen.

Den richtigen Hintergrund für eine Zahl oder eine Beobachtung zu finden, ist entscheidende Voraussetzung für richtige Urteile. Ein Großteil der statistischen Fehlschlüsse beruht auf falschen Bezugsgesamtheiten und unzulässigen Vergleichen. Das gilt natürlich nicht nur für die medizinische Statistik, sondern für alle Anwendungsgebiete der Statistik. *Sich durch Statistiken nicht irreführen zu lassen, gehört heute zur Allgemeinbildung.*

Aber zurück zum eigentlichen Thema: Die in der Statistik obligatorische Risikobetrachtung gehört nicht nur zur Verfahrenstechnik, sondern darüber hinaus zu den Grundlagen des Wissens. Ich halte es für eine der wesentlichsten Verdienste der statistischen Methodenlehre, das allgekannte Wissen um die zwei Arten von Fehlern, die man bei einer Entscheidung begehen kann, routinemäßig dem Anwender aufzuzwingen. Er kann (Fehler 1. Art) eine Hypothese verwerfen, obwohl sie richtig ist, und er kann sie (Fehler 2. Art) annehmen, obwohl sie falsch ist. Besonders hervorzuheben ist die zur Erkenntnis beitragende Terminologie. Es geht nur um Annahme oder Ablehnung einer Hypothese, wobei in geeigneten Fällen sogar die zugehörigen Irrtumswahrscheinlichkeiten berechnet werden können; es geht aber nicht um Wahrsein oder Falschsein einer Hypothese, z.B. einer Verursachungshypothese, es geht nicht um Beweise, die es ja in empirischen Wissenschaften im strengen Sinne gar nicht gibt, und die natürlich statistisch nicht geführt werden können.

Ein wichtiger weiterer Aspekt der Polarität zwischen Masse und Einzelfall ist die Übertragung der massenstatistischen Feststellung eines Zusammenhanges auf einen Einzelfall. Das Problem wird dann brennend, wenn der statistische Zusammenhang als kausal gedeutet wird. Wenn nun z.B. ein starker Zigarettenraucher an Lungenkrebs stirbt, so geben wir dem Zigarettenrauchen die Schuld am Tode; es ist aber im allgemeinen nicht möglich, die Schuld am Zigarettenrauchen dieses Toten einer Person, einer Firma oder einer Werbeagentur oder dem Staat wegen des Fehlens eines Rauchverbots zu geben. Aber wenn es sich um kausal plausible massenstatistisch gewonnene Zusammenhänge zwischen einem Medikament und einer Nebenwirkung, z.B. einem Herzinfarkt, handelt, werden von den Hinterbliebenen Prozesse gegen die Herstellerfirma geführt. Dieser ganze Komplex mit seinen vielen möglichen Varianten ist auch statistisch noch nicht genügend durchdacht und noch nicht nach statistischen Entscheidungsprinzipien analysiert.

Wegen der großen Zahl von Parallelen zu Pauschalurteilen in anderen Lebensgebieten ist auch dies eine Frage, über deren Grundlage ein Gebildeter nachgedacht haben sollte.

Was bedeutet nun die durch die Statistik immer wieder betonte *Unsicherheit bei Entscheidungen* für den Arzt ? Zunächst soll er damit die Aussagen in der wissenschaftlichen Literatur verstehen und für sein eigenes Handeln benutzen lernen. Er soll Ergebnisse statistischer Vergleiche in ihrer wirklichen Bedeutung erkennen, sie nicht über- und nicht unterschätzen. Für sein eigenes ärztliches Handeln steht er allerdings in einem schwerwiegenden Dilemma: Er muß den Patienten, die sich ihm anvertraut haben, mit voller Überzeugungskraft ärztlich führen. Dabei muß er aber für sich selbst um die Irrtumsmöglichkeiten wissen - künftig vielleicht sogar z.T. quantitativ. Stehen nun überzeugendes ärztliches Handeln und Wissen um die Irrtumsmöglichkeiten in einem krassen, nicht zu überdeckenden Gegensatz oder lassen sich die Gegensätze miteinander vereinbaren ?

Eine Art des Zusammenwirkens wäre allerdings schlecht. Wenn nämlich das Wissen um die Irrtumswahrscheinlichkeit nur zu einer Verunsicherung des behandelnden Arztes führen und ihm die Entschlußkraft nehmen würde; daß die Angst vor einer Fehlentscheidung in Diagnostik und Therapie ihn lähmen oder zu sprunghaften Änderungen seiner Entschlüsse veranlassen würde. Dieses Verhalten ist aber keinesfalls eine notwendige Konsequenz aus dem Dilemma. Wir brauchen uns nur daran zu erinnern, daß der Arzt seit jeher daran gewöhnt ist, trotz einer gewissen Unsicherheit zu handeln. Wenn er bei den differentialdiagnostischen Überlegungen die Möglichkeit des Vorliegens der einen oder anderen von mehreren Krankheiten abwägt, kommt er auch nicht immer zu einer eindeutigen sicheren Entscheidung. Trotzdem handelt er. Bei Beobachtung des Verlaufes wird er stets auf Indikatoren für Fehler der bisherigen Entscheidung besonders achten. Das alles tat der Arzt bisher auch. Die Statistik macht es auch hier wieder nur bewußt und quantifiziert es, soweit jeweils zahlenmäßige Forschungsunterlagen dafür vorhanden sind.Damit schärft sie die Aufmerksamkeit für etwaige Fehler und verbessert die Leistung insgesamt.

Das Problem der Risikoabwägung bei Entscheidungen geht für den Arzt von Entscheidungen über die Therapie bei einzelnen Kranken bis zur Mitwirkung bei Entscheidungen im übergeordneten Gesundheitswesen. Schon der Student sollte an quantitativ durchgearbeiteten Beispielen dazu geführt werden, möglichst niemals Entscheidungen aufgrund vorgefaßter Meinungen oder auch naheliegend erscheinender Argumente zu treffen, ohne in fairer Weise auch die möglichen Alternativen ebenso durchzudenken. Die Entscheidungsart des Einzelfalles vom Grundsätzlichen her auf einen Wiederholungsprozeß ähnlicher Entscheidungen zu erweitern, gibt die Möglichkeit, Konsequenzen im Sinne von quantitativen Erwartungen auch statistisch durchzudenken.

Ich habe vorhin schon erwähnt, daß die meisten Fehlschlüsse aus statistischen Unterlagen durch fehlende oder falsche Bezugssysteme hervorgerufen werden. Daher ist eine der wichtigsten Denkaufgaben der Statistik, für jede Fragestellung das sinnvoll zugehörige Bezugssystem zu finden. Der Student, der am einfachen Beispiel versteht, daß zur regional vergleichenden Beurteilung der Zahl der Straßenverkehrsunfälle nicht die Größe der Bevölkerung und nicht die Zahl der Autos ausreicht, und zum Vergleich mit den Luftverkehrsunfällen nicht die zurückgelegten Personenkilometerzahlen geeignet sind, hat im Ansatz gelernt, auch für größere Zusammenhänge problemgerecht zu denken. *Problemgerechte Quantifizierungen* treten heute fast überall auf. Als ein wichtiges, aber besonders schwieriges Problem sei auf die Prioritätenvergabe hingewiesen, z.B. beim Vergleich konkurrierender Investitionsmöglichkeiten oder der Förderung wissenschaftlicher Projekte. Wir kommen unvermeidlich dazu, Skalen zu entwickeln, in denen die verschiedensten Gesichtspunkte nebeneinander berücksichtigt sind und krasse Einseitigkeiten vermieden werden.

Die Überlegungen hierzu sind analog zu manchen Ansätzen in der medizinischen Statistik, z.B. wenn umfassend zusammengesetzte Risiko-Maßzahlen gebildet werden. Ich möchte bei dieser Thematik aber hervorheben, daß diese Maßzahlen meist nur Hilfsgrößen für Entscheidungen sind, und daß diese beim jeweils *sachlich Verantwortlichen* verbleiben sollten.

Nun gibt es hier allerdings Situationen, in denen gerade deshalb Maßzahlen eingeführt werden, um subjektive Einflüsse auf das Urteil auszuschließen, z.B. bei der Zulassung zum Studium und beim Examen. Dagegen soll die Maßzahl in anderen Fällen nur Entscheidungshilfe sein, aber nicht die Entscheidung selbst bedeuten, z.B. bei der medizinischen Diagnostik. Im großen Rahmen der Gesundheits- und Sozialpolitik spielen - jenseits der Tagesfragen - im Bestreben der Effektivitätskontrolle von Maßnahmen und Systemen die sogenannten Sozialindikatoren eine zunahmende Rolle, z.B. Sozialindikatoren des Gesundheitswesens. Diese sind aus Komponenten zusammengesetzt, die wir früher nicht miteinander verbunden haben, z.B. statt der einfachen Lebenserwartung die erwartete Zahl von Lebensjahren in voller Gesundheit, bzw. von Lebensjahren mit bestimmten Einschränkungen usw. Hier schließt sich der Kreis, indem die modernen Sozialindikatoren für die ganze Gesellschaft in der Konzeption der Individualprognose gleichen, die der Arzt seit jeher vor eingreifenden Behandlungen, z.B. Operationen, als Entscheidungshilfe für sich selbst und für den Patienten bei der Risikoaufklärung zu präzisieren bemüht war.

Quantifizierung einer Erwartung und ihrer Sicherheit für statistische Massen und für den Einzelnen sind Kernpunkte des Unterrichts in Medizinischer Statistik.

Wir haben in bunter Fülle eine Reihe von Problemen der Erfahrungsgewinnung und -anwendung in der Medizin auf ihre Grundlagen und den dabei auftretenden Erkenntnisprozeß untersucht. Die zugehörigen Fragen entstammen dem Unterrichtsstoff der medizinischen Statistik und gehen an das Wesen der Erfahrung und an die Wurzeln des empirischen wissenschaftlichen Lernens. Durch diesen Grundlagencharakter überschreiten sie das auf Verfahrenstechnik gerichtete Ausbildungsziel unseres Fachgebietes und können, wenn sie das Nachdenken des Studenten anregen und in andere Wissens- und Lebensbereiche ausstrahlen, als ein Bildungsziel unseres Faches angesehen werden.

Abschiedsvorlesung am 30. 1. 1978

# GESCHICHTLICHE ASPEKTE

Horst Fassl, Lübeck

Die medizinische Statistik ist wie die politische Arithmetik, die Staatswissenschaften und die Wahrscheinlichkeitstheorie ein Kind des 17. Jahrhunderts. - Erstmals wurden systematisch und kontinuierlich Fakten über den einzelnen Bürger kategorisiert, gesammelt und die entstehenden Datensammlungen analysiert, um zu überindividuellen Aussagen, z.B. über die gesundheitlichen Verhältnisse in großen Bevölkerungsgruppen, allgemeine Gesundheitsrisiken, Sterbewahrscheinlichkeiten usw., zu gelangen.

Nach HACKING (9) sind diese Vorgänge entscheidende Indikatoren für den Übergang von der Wissenschaftstheorie der Antike und des Mittelalters zur Neuzeit, von der Scientia zur Opinio bei der Erklärung kausaler Zusammenhänge. Die Vorgänge setzten gleichzeitig, aber unabhängig voneinander in England und auf dem Kontinent ein.
Sie werden markiert durch das Erscheinen der statistischen Untersuchungen über Todesursachen von GRAUNT (8) 1662 in England und dem Aufleben der Diskussion über die Vorhersehbarkeit von Zufallsereignissen mit Hilfe mathematischer, deduktiver Methoden in Frankreich im Kreis um den Herzog von ROANNEZ. Abgeschlossen wurde diese wissenschaftliche Revolution, die mit den Namen PASCAL, HUYGENS, DE WITT, LEIBNIZ, HALEY, BERNOULLI verbunden ist, nach etwa 80 Jahren durch die Schriften des skeptischen Empirikers HUME, mit dessen Argumenten sich BAYES und SÜSSMILCH nunmehr bereits statistisch auseinanderzusetzen versuchten.

GRAUNT sichtete in den Jahren um 1660 die wöchentlichen Bills of Mortality der Stadt London, die bereits ab 1603, primär wohl zur laufenden Überwachung der Pest-Seuchenlage, veröffentlicht wurden. Gleichzeitig begann sein Gönner PETTY (16) offizielle Dokumente anderer Art in extenso statistisch auszuwerten. Ziel dieser ganz allgemein als "politische Arithmetik" bezeichneten Forschung war ausdrücklich, endlich von vagen Ausdrücken, wie "häufig", "selten vorkommend", "nach allgemeiner Erfahrung" usw. wegzukommen.

GRAUNT's Ansatz war sehr ehrgeizig. Er versuchte nicht nur die Aufgliederung nach Todesursachengruppen, sondern auch die Erstellung einer für die Annuitäten-Berechnung brauchbaren Sterbetafel, er schätzte Krankheitsrisiken, die Einwohnerzahl Londons, Wachstums- und Wanderungsziffern usw.

Obwohl diese Untersuchungen fast unmittelbar nach ihrer Veröffentlichung die Aufmerksamkeit des ROANNEZ-Kreises fanden und in einer wachsenden Zahl kontinentaler Städte nachvollzogen wurden, wollte die Zusammenarbeit zwischen Mathematikern und Statistikern nicht so recht gedeihen. Grund war einmal die fast sofort erfolgende Sekretierung statistischer Daten in den meisten Territorialstaaten, wodurch statistische Auswertungen bis in das 19. Jahrhundert stark behindert wurden, vor allen Dingen aber auch die leicht erkennbaren systematischen Mängel des empirischen Materials, die bei den Theoretikern eine verständliche Scheu vor Modellbildungen mit ihrer Hilfe auslösten.

Mit folgenden systematischen Schwierigkeiten hatte die medizinische Statistik sich von Anfang an auseinanderzusetzen:

a) Das Fehlen allgemein anerkannter, umfassender und disjunkter Klassifikationen, Skalen und Systematiken für biologische Phänomene.
Am Beispiel der Krankheits- und Todesursachenklassifikationen ist besonders deutlich zu erkennen, daß sie prinzipiell nur auf den Auswertungszweck hin konstruiert sind und letztlich arbiträr konstruiert werden können. Universalität ist praktisch unmöglich, Absolutansprüche wirken lächerlich.
(Die Bills of Mortality ordneten die Todesursachenangaben der Leichenwaschfrauen, auf denen sie aufbauten, einfach alphabetisch).
Nach Klassifikationsvorläufern im frühen 17. Jahrhundert (PLATTER (17)), im 18. Jahrhundert (LINNÉ)), SAUVAGES (19)) gewann die Krankheitsklassifikation CULLEN's (2) Ende des 18. Jahrhunderts weitere Verbreitung. Erst von der Mitte des 19. Jahrhunderts an, also etwa 200 Jahre nach GRAUNT, begann sich - wiederum waren die pragmatischen Engländer führend - eine überwiegend epidemiologisch orientierte Diagnosenklassifikation allmählich weltweit durchzusetzen.

b) Probleme der Validität der Diagnosenfeststellung.

GRAUNT ließ sich ziemlich heftig über die Todesursachenangaben der

"versoffenen und käuflichen" Matronen aus, auf deren Angaben die Bills of Mortality fußten, aber noch um 1900 wurde in weiten Teilen Europas mehr als ein Drittel der Todesursachen nicht von Ärzten festgestellt (PRINZING (18)). -
Wir wissen alle, wie schwierig selbst im Bereich der angeblich "harten" Labordaten Beurteilungskonstanz durch Ringversuche und Qualitätskontrollen zu erreichen sind. - Auf dem Gebiet der Todesursachenfeststellung bin ich der Überzeugung, daß der viel beschrieene Anstieg der Herzinfarkt-Todesfälle weitgehend ein Artefakt ist. Bei unklaren, besonders bei rasch erfolgenden Todesfällen wird modischerweise statt der früher eingetragenen sog. "mangelhaften, aber vielleicht ehrlicheren" Todesursachen (wie z.B. Altersschwäche) jetzt mehr und mehr eine Todesursache aus dem Herz-/Kreislaufbereich eingetragen, ohne daß eine entsprechende prae- oder postfinale Diagnostik (EKG, Sektion) durchgeführt worden wäre. -

c) Das Fehlen exakter Bezugsgrößen und -systeme.

Ziel der medizinischen Statistik ist mehr noch als die Feststellung der absoluten Zahlen der Ereignisse die Feststellung ihrer relativen Häufigkeit, bezogen z.B. auf die Gruppe der unter Risiko Stehenden. Diese kann aufgrund des Gesetzes der großen Zahlen als Schätzung für die Wahrscheinlichkeit des Ereignisses verwendet werden.
Auch heute fehlen noch regionale und zeitlich ausreichend tiefgegliederte Bevölkerungsstatistiken nach Alter und Geschlecht oder zur Abschätzung der a priori-Wahrscheinlichkeiten für den BAYES-Ansatz unerlässliche Morbiditätsstatistiken.
Zwar ging man - beginnend im 15. Jahrhundert - mit Einsetzen der Industrialisierung mehr von der Flächen- zur Kopfbesteuerung über - damit wuchs wieder das Interesse an der Erfassung der Einzelperson -, aber noch lange standen ausreichend genaue Bevölkerungsstatistiken nicht zur Verfügung. Volkszählungen beruhten für lange Zeit auf dem Prinzip der Zählung der Herde oder Haushalte als stabilem Merkmal der Anwesenheit. Sie waren schwierig zu organisieren und politisch durchzusetzen, ihre Ergebnisse veralteten wegen der starken Fluktuation der Bevölkerung sehr rasch.
Ein ständig unterhaltenes und obligatorisches Meldesystem mit Registrierung nicht nur der wichtigsten vitalen Ereignisse (Geburt, Heirat, Tod), sondern auch der Anwesenheit der Einwohner konnte erst in der Folge der französischen Revolution durchgesetzt werden. Be-

zeichnenderweise kam es erst zu Beginn des 19. Jahrhunderts zur Gründung ständig unterhaltener statistischer Büros mit abgegrenztem Verantwortungsbereich, obwohl ihre Gründung schon Ende des 16. Jahrhunderts gefordert worden war.

d) Die Unvorhersehbarkeit und Individualität des Einzelfalls, die bei kleinen Beobachtungskollektiven oder Langzeitbeobachtungen jeden Versuch der Vergleichbarkeit oder Verallgemeinerung zum Scheitern zu verurteilen scheinen, wenn man nicht auf sehr exakt beschriebene und dokumentierte Vergleichskollektive zurückgreifen kann.

Erst die Entwicklung der Theorie des statistischen Fehlerausgleichs, des Gesetzes der großen Zahlen und der Methode der kleinsten Quadrate durch DE MOIVRE, LAPLACE und GAUSS um das Ende des 18. Jahrhunderts und des Vertrauensbereichskonzepts zu Beginn des 19. Jahrhunderts durch POISSON löste auch in der Medizin eine "affection calculeuse" aus. MARTINI (14) hat den berühmten Passus in LAPLACE "Théorie analytique des probalités" 1814 (11) in seiner Methodenlehre der therapeutisch-klinischen Forschung zitiert, in der als Grundlage der klinischen Forschung die Notwendigkeit eines vergleichenden Maßstabes, die Forderung nach einer ausreichend großen Zahl von Probanden und das Wahrscheinlichkeitskalkül zur Abschätzung der Ergebnisse gefordert wurde. Aber erst 20 Jahre später setzte Pierre Charles Alexandre LOUIS (13) (1787-1872) statistische Verfahren systematisch zur Beschreibung von Krankheiten und zum Vergleich zweier therapeutischer Strategien ein.

Seine "numerische Methode" bestand darin, klinische Krankheitsbilder zusammenfassend zahlenmäßig zu beschreiben und zu vergleichen.
Es kam zu heftigen Auseinandersetzungen mit den Anhängern der sog. physiologischen Schule, denen er die Unsinnigkeit der Aderlaßbehandlung zeigen konnte. In einem Bericht CIVIALE's an die französische Akademie der Wissenschaften 1832 (1) wurden die Einwände gegen statistische Verfahren in der Medizin summiert:

Jeder Mensch besitze eine eigene Individualität, medizinische Probleme sind immer individualbezogen, sie müssen jeweils von Fall zu Fall gelöst werden, wobei die Behandlung jedes einzelnen Falls auf gutem Instinkt beruhe, unterstützt durch zahlreiche Vergleiche und geleitet durch Erfahrungen. Also Argumente, die uns auch heute noch ständig entgegengehalten werden. Außerdem ließe sich auf Wahrscheinlichkeit keine Wissenschaft aufbauen; außerhalb der reinen Mathematik gäbe es nichts Gewisses. Man sah die Möglichkeit nicht, Wahrscheinlichkeitsansätze dennoch an Massen vergleichbarer Fälle anzuwenden, wenn die Einzelfälle dem Fehlergesetz folgen. Diesen Ansichten trat GAVARRET, ein begeisterter Schüler POISSON's, in seinem Buch "Principes généraux de statistique medicale" 1840 (7) mit Vehemenz entgegen. Er setzte sich vor allem mit den Problemen der Vergleichbarkeit von Krankenkollektiven auseinander und empfahl zur Prüfung der Relevanz von Unterschieden und zur Abschätzung der Schwankungsbreite a posteriori abgeleiteter Gesetze (POISSON folgend) die Standardabweichung des Mittelwertes mit $2 \cdot \sqrt{2} = 2{,}83$ zu multiplizieren, um so den Vertrauensbereich für den Mittelwert oder die Differenz zu erhalten (Der Ausdruck Vertrauensbereich kam erst später in Gebrauch).

Die von GAVARRET aufgestellten Regeln, deren Einhaltung Voraussetzung für die Vergleichbarkeit von Krankenkollektiven ist, wurden ergänzt von seiner Forderung nach einer zuverlässigen klinischen Dokumentation:

*"Die leidige Gewohnheit, der man in der Medizin nur allzu lange huldigte, die Beobachtungen dem Gedächtnis anzuvertrauen, hat ohne Zweifel das traurige Resultat herbeigeführt, daß die Ärzte, indem sich die außerordentlichen Fälle durch den stärkeren Eindruck auf das Gedächtnis zu vervielfältigen scheinen, Ausnahmen für die Regel ansehen".*

Das Werk schließt nach einer Analyse der Choleraerkrankungshäufigkeiten in verschiedenen Pariser Stadtvierteln mit der sehr aktuellen Warnung davor, erkannte statistische Assoziationen mit kausalen Zusammenhängen zu verwechseln:

*"Die Natur dieser Ursachen zu bestimmen, ist die Aufgabe einer neuen Forschung, das Gesetz der großen Zahlen ermittelt bloß das Dasein dieser Ursachen. -"*

GAVARRET's Buch wurde sehr rasch auch ins Deutsche übersetzt, aber es wurde kaum beachtet. Die Krankenblattdokumentation wurde zwar mehr und mehr in den Kliniken üblich, die numerische Methode jedoch stieß aber auf so viele Widerstände, daß sie um die Mitte des vorigen Jahrhunderts schon kaum noch angewandt wurde. In der Klinik wurde sie faktisch aufgegeben, als die glänzenden Erfolge der Labormedizin funktionale und kausale Zusammenhänge klarer darzubieten schienen.

WUNDERLICH (zit. nach MARTINI (14, S. 5)), der in seiner Antrittsvorlesung 1851 seinen "Plan zur festeren Begründung der therapeutischen Erfahrung" darlegte (er hatte die LOUIS'schen Vorlesungen besucht), sprach von der "tödlichen Langeweile der numerischen Methode" und der "Tabellenmanie" der Franzosen.
1854 urteilte Ludwig BÜCHNER: "Die numerische Methode versagt beim Ausprobieren von Medikamenten am Menschen".
Vor allem die zu weit gezogenen Schlußfolgerungen aus kleinen Patientenkollektiven wurden abgelehnt. Zwar wurde ein Verein für Medizinische Statistik 1860 gegründet, eine Zeitschrift für Medizinische Statistik 1872, aber beide Unternehmen gingen nach kurzer Zeit ein.

Außerhalb der klinischen Medizin erlebte die Statistik in den 30er- und 40er Jahren des 19. Jahrhunderts eine Ära der Begeisterung. QUETELET popularisierte ihre Verfahren, allgemeine statistische Vereine wurden in großer Zahl gegründet. In der Medizin hatte sie nur dort Erfolge, wo es durch Anschluß an amtliche Meldesysteme gelang, große Beobachtungszahlen zu sammeln. So entwickelte sich unter dem energischen Einfluß von CHADWICK, SNOW und vor allem FARR's (der ebenfalls ein Schüler von LOUIS war) von England ausgehend die Todesursachenstatistik, in Deutschland unter dem Einfluß VIRCHOW's und PETTENKOFER's die Sozialhygiene, die medizinische Epidemiologie und die Arbeitsmedizin und aus "moral-statistischen" Anfängen Sozialmedizin und Soziologie bis hin zu GROTJAHN. Auch die Versicherungsmathematik verselbständigte sich weitgehend. Zwar wurde von den statistischen Ämtern der deutschen Staaten Sachsen, Preußen, Bayern und Württemberg bis nach dem ersten Weltkrieg Großartiges an Datensammlungen und -auswertungen veröffentlicht, aus der medizinischen Statistik und im engeren Sinne der Medizinalstatistik selbst kamen jedoch seit der Wende zum 20. Jahrhundert keine wesentlichen Anstöße mehr. Sie macht bis heute einen grundsätzlich abgeschlossenen Eindruck, wenn man von den in den 50er Jahren von KOLLER entwickelten Methoden des Mikrozensus absieht.

Die Biometrikabewegung um Karl PEARSON und die von FISHER verfeinerten Versuchsverfahren, insbesondere der Zufallszuteilung und -auswahl wirkten auch auf die klinische Forschung zurück. FREUDENBERG und vor allen Dingen MARTINI griffen um 1930 nach 100 Jahren erstmals wieder die Anregungen von LOUIS und GAVARRET auf, aber die Judenverfolgung des Dritten Reiches und das Kriegsende blockierten in Deutschland für 30 Jahre die Entwicklung. Während vor allen Dingen in den angelsächsischen Staaten in der klinischen Forschung diese Techniken, die durch die Einführung des Computers in die Medizin noch erheblich besser gehandhabt werden konnten, immer intensiver genutzt wurden, mußte 1960 der Wissenschaftsrat seine denkwürdige Warnung vor dem provinziellen Stand der klinischen Forschung ohne medizinische Statistik aussprechen und die Einrichtung spezieller Lehrstühle für das Fach medizinische Statistik und Dokumentation empfehlen.

Kann man Schlußfolgerungen aus der Vorgeschichte unseres Fachgebietes ziehen ?
Ich glaube ja:

1. Wahrscheinlichkeitsansätze werden in der Medizin nur dann als Grundlage ärztlicher Entscheidungen anerkannt, wenn sie auf einem Informationsmaterial beruhen, das überzeugend nach den Regeln der Versuchs- und Erhebungsplanung gewonnen wurde, so daß die Ergebnisse vom einzelnen verantwortlichen Arzt als verallgemeinerungsfähig angesehen werden können.

2. Eine Mindestzahl von Beobachtungen und Erhebungswiederholungen muß vorhanden sein, wenn die Ergebnisse akzeptiert werden sollen.

3. Medizinische Statistik als numerische Methode und die Dokumentation als Technik der Datenerfassung, -zusammenführung, -ordnung und -bereitstellung gehören untrennbar zusammen, beide Bereiche ergänzen und kontrollieren einander.

4. Der Mediziner als Fachmann für den systematischen Fehler und der Mathematiker als Fachmann für die Wahrscheinlichkeitstheorie müssen gleichberechtigt zusammenarbeiten.

Evtl. sollte man einer Anregung Francis GALTONS's in der ersten Nummer der Biometrika 1901 (6) folgen, der vorschlug, daß dieser Firma (heute würde man Team sagen) von Spezialisten noch ein Logiker als Berater zugeordnet werden sollte. Beide Spezialisten werden natürlich fachlich auf diesen Generalisten heruntersehen, aber das ist ja nun einmal das allgemeine Generalistenschicksal. Hierdurch besteht vielleicht die Chance, daß durch ihn etwas von dem gesunden Menschenverstand in die Zusammenarbeit zwischen Mathematiker und Mediziner zurückgebracht wird, den man gerade in letzter Zeit in vielen Veröffentlichungen vermissen muß.

## LITERATURVERZEICHNIS

1.) Comptes Rendus Hebdomadaires des Sciences de l'Academie des Sciences
Paris, 1835

2.) CULLEN, W.:
Synopsis nosologiae methodicae
Edinburg, 1769

3.) Empfehlungen des Wissenschaftsrates zum Ausbau der wissenschaftlichen Einrichtungen, S. 115, 423, 435 in Teil I Wissenschaftl. Hochschulen
Bundesdruckerei, 1960

4.) FARR, W.:
Vital Statistics
London, 1885

5.) FREUDENBERG, K.:
Die Aufgaben des Unterrichts in der Medizinischen Statistik
Klin.Wschr. 7, 1401-1404 (1928)

6.) GALTON, F.:
Biometry
Biometrika 1, 7-10 (1901)

7.) GAVARRET, J.:
Principes gênéraux de statistique medicale
Paris, 1840
dt. Übersetzg.: Allgemeine Grundsätze der medizinischen Statistik
Enke, Erlangen, 1844

8.) GRAUNT, J.:
National and political observations mentioned in a following index and made upon the Bills of Mortality
London, 1662

9.) HACKING, J.:
The Emergence of Probability,
Cambridge Univ. Press, Cambridge, 1975

10.) KOLLER, S.:
Die Aufgaben eines Instituts für Medizinische Statistik und Dokumentation
Allg. Stat. Archiv 48, 33-40 (1964)

11.) LAPLACE, P.:
Théorie analytique des probalités (Introduction LXII)
Paris, 2. Aufl. 1814

12.) LINNÉ, C.v.:
Genera morborum in auditorium usum
Upsala, 1763

13.) LOUIS, P.Ch.A.:
Examen de l'examen de M. Broussois, relativement a la Phthisie et à l'affection typhoide
Paris, 1834

14.) MARTINI, P.:
Methodenlehre der therapeutisch-klinischen Forschung
Springer, Berlin, 1953

15.) OESTERLEN, Fr.:
Handbuch der medizinischen Statistik
Tübingen, 1865

16.) PETTY, W.:
Several Essays in Political Arithmetic
London, 1694

17.) PLATTER, F.:
Praxeos
Basel, 1602/3

18.) PRINZING, Fr.:
Handbuch der medizinischen Statistik
Fischer, Jena 1931

19.) SAUVAGES DE LACROIX:
Nosologia methodica sistens morborum classes genera et species
Amsterdam, 1768

20.) WESTERGAARD, H.:
Contributions to the History of Statistics
King, London, 1932

# ZUR ENTWICKLUNG VON AUFGABEN UND METHODEN IN DER AMTLICHEN STATISTIK, INSBESONDERE IN DER BEVÖLKERUNGSSTATISTIK SOWIE IN DER MEDIZINALSTATISTIK

Klaus Szameitat, Stuttgart

## 1. VORBEMERKUNG

Ich möchte in meinem Beitrag ein paar Hinweise auf Entwicklungsaspekte der amtlichen Statistik geben. Und ich möchte - auch wenn ich dabei weit über Ihr spezielles Tagungsthema hinausgehe - drei Bereiche berühren:

1. die *gesamte* amtliche Statistik als den umfassenden Rahmen,
2. den großen Fachbereich der *Bevölkerungsstatistik* und
3. schließlich als Brücke zu Ihrem Thema die *Medizinalstatistik*.

Natürlich kann ich nur einige Stichworte geben, und dies aus ganz persönlicher Sicht.

## 2. ENTWICKLUNGEN IN DER GESAMTEN AMTLICHEN STATISTIK

Zunächst zur allgemeinen Frage:

> Welche Bestimmungsfaktoren haben Aufgaben und Methoden der amtlichen Statistik in den letzten Jahrzehnten entscheidend beeinflußt ?

Es waren, soweit ich sehe, fünf Punkte:

Erstens ein *steigender und noch immer wachsender Informationsbedarf*, ein auf viele Ursachen zurückgehendes Phänomen unserer Zeit. Er geht vom Orientierungsbedarf des Staatsbürgers und aller gesellschaftlichen Gruppen bis zum Staat mit seinem Bedarf an Informationsgrundlagen und Entscheidungshilfen. Man könnte ins Philosophieren geraten bei der Frage, ob ein ständiges Mehr an Informationen eigentlich nützlich ist oder mit abnehmendem Grenznutzen nicht sogar ins Negative führen kann. Für die amtliche Statistik hat sich das Ansteigen des Informationsbedarfs als Motor ständig steigender Anforderungen erwiesen.

Die Folge war als 2. Faktor ein unaufhörlich *wachsendes Arbeitsprogramm*. Wenn wir die erste, 25 Jahre alte und die neueste Ausgabe des "Arbeitsgebietes der Bundesstatistik" zur Hand nehmen, ist es kaum übertrieben zu schätzen, daß unser Arbeitsprogramm innerhalb von 25 Jahren auf das Zehnfache angewachsen ist. Freilich mit Schwerpunkten und Besonderheiten. Im Vordergrund hat der ökonomische Bereich gestanden, auf den wir immer besonders fixiert waren. Stiefkinder waren in gewissem Umfang der demographische Bereich, die Gesllschaftsstruktur, von der wir noch heute nicht allzuviel in systematischer Form wissen, und nicht zuletzt der uns speziell interessierende Bereich der Medizinalstatistik. In den letzten Jahren ist mit knapperen Ressourcen der Wille zum Einschränken des Programms sichtbar geworden. Bund und Länder diskutieren Einsparungsvorschläge. Eine etwas seltsame Schizophrenie - man will mehr Informationen, aber weniger Statistik.

Wichtig war, als 3. Bestimmungsgröße, der *funktionale Wandel* der Statistik. Bruno GLEITZE hat einmal von einem Übergang von "historischer" zu "operationaler" Statistik gesprochen. Das trifft einen wesentlichen Entwicklungstrend. Eine aktualitäts- und planungsorientierte Zeit braucht bei sehr differenzierten ökonomischen und gesellschaftlichen Verhältnissen aktuelle Daten und ausreichende Informationsgrundlagen. Die Statistik muß also mit Vorrang aktuelle Indikatoren liefern. Sie muß problemorientierte Analysen bereitstellen und dabei auch das immer heiße Eisen der Prognosen anpacken. Vielleicht darf ich als Beispiel den Statistisch-Prognostischen Jahresbericht erwähnen, den mein Amt seit 4 Jahren der Landesregierung jeweils im Frühjahr aus datenorientierter Sicht vorzulegen hat.

Der Ausbau der Arbeiten war nur möglich durch den 4. Faktor - eine in den letzten Jahrzehnten rapide Entwicklung des *technologischen und des methodischen Instrumentariums*. Der Einsatz von programmgesteuerten Rechenanlagen, noch nicht einmal 20 Jahre alt, hat in der amtlichen Statistik den Arbeitsablauf revolutioniert und völlig neue Wege eröffnet. Ich denke an die Mechanisierung des manuellen Vorfeldes durch automatische Lesegeräte, an die neue Dimension von Fehlerkontrollen und nicht zuletzt an die heute fast unbegrenzten rechnerischen Verarbeitungsmöglichkeiten sowohl bei Massenarbeiten als auch bei mathematisch orientierten Modellrechnungen.

Damit ist auch eine Voraussetzung für den Einsatz moderner Methoden geschaffen worden. Aus dem fast unübersehbaren Instrumentarium nur ein Hinweis auf einige für die Praxis wichtige Methoden:

auf das Stichprobenverfahren, das - seit Jahrzehnten in der amtlichen Statistik verwendet und in vielen Punkten immer wieder verbessert - heute aus der praktischen Arbeit nicht mehr wegzudenken ist; Herr KOLLER und Herr SCHÄFFER haben hier Pionierarbeit geleistet;

auf die neuen Methoden der Zeitreihenanalyse mit ihren Möglichkeiten für die Zerlegung und Analyse von Zeitreihen, von denen wir in der amtlichen Statistik bis heute zu wenig Gebrauch machen. Das BOX-JENKINS-Verfahren ist hier ein neuer Schritt;

schließlich auf die Faktorenanalyse, auf Shift- und Clusteranalyse - Beispiele aus dem neuen Arsenal von Methoden für die Analyse von Entwicklungen und Zusammenhängen. Hier steht die Phase der breiteren praktischen Anwendung noch bevor.

Ein Problem liegt bis heute in der mangelnden Zusammenarbeit zwischen den Methodikern und den Praktikern. Ich frage mich, wann dieser Brükkenschlag endlich einmal befriedigend gelingen wird.

Schließlich wird die Entwicklung durch den Ausbau von *zusammenfassenden Systemen statistischer Beobachtung* gekennzeichnet. Ursache ist das Streben nach dem Erkennen und Verfolgen von Zusammenhängen über einzelne Tatbestände und Indikatoren hinaus. Neben den seit Jahrzehnten mit sehr hohem Stellenwert versehenen volkswirtschaftlichen Gesamtrechnungen, die wegen ihrer mangelhaften Verwendungsmöglichkeit als Wohlfahrts- und Wohlstandsmaß heute immer stärker kritisiert werden, steht im gesellschaftlichen Bereich eine ähnliche Tendenz. Das Sozialbudget und die sozialen Indikatoren markieren erst den Anfang eines langen Weges. Dahinter taucht das von FÜRST oft geforderte ebenso kühne wie verlockende Ziel eines "statistischen Gesamtbildes" auf. Es fragt sich, ob man Aufgabe, Inhalt und Gliederung eines solchen Riesenbildes definieren kann und ob es jemals gelingen wird, die Bereiche des Demographischen, der Bildung und Kultur, der Wirtschaft, der Politik und der Gesellschaft in einem in sich geschlossenen Gesamtbild von Daten und Analysen abzubilden. Mir fehlt für ein solches Mammutbild noch die Phantasie und der Glaube an die Realisierbarkeit.

## 3. ENTWICKLUNGEN IN DER BEVÖLKERUNGSSTATISTIK

Der 2. Teil meiner Hinweise soll dem großen Fachbereich der *Bevölkerungsstatistik* dienen, in die man den Sektor der Medizinalstatistik als eingebettet ansehen kann. Ich beschränke mich auf einige der für diesen Bereich wichtigen Punkte.

1. Der demographische Bereich hat in der Nachkriegszeit etwas *im Hintergrund* gestanden. Mehrere Ursachen kamen zusammen:

   a) der politische Mißbrauch dieses Bereiches in den Jahren nach 1933,
   b) die Vernachlässigung der Bevölkerungswissenschaft in Deutschland nach dem Krieg und
   c) die dominierende Orientierung an materiellen ökonomischen Faktoren.

   Es mutet daher wie ein kleines Wunder an, daß sich in der Öffentlichkeit in den letzten Jahren ein wachsendes Interesse an demographischen Fragen zeigt. Sind es die seit langem spektakulär sinkenden Geburtenzahlen mit der Furcht vor dem Aussterben der deutschen Bevölkerung ? Ist es die Sorge, daß es in 30 Jahren nicht mehr genügend Erwerbstätige gibt, die die Renten der heute Tätigen aufbringen können ? Es ist wohl auch die Einsicht, daß eine Umorientierung nottut - von der Dominanz des Ökonomischen weg zu den ebenso wichtigen demographischen und gesellschaftlichen Kategorien in einer sich in ihren Wertmaßstäben und Auffassungen wandelnden Welt. Wir sollten diese Entwicklung nutzen und der Bevölkerungsstatistik ebenso wie der noch ärger vernachlässigten Beobachtung der gesellschaftlichen Verhältnisse zu dem ihnen gebührenden Stellenwert verhelfen.

2. Das *Arbeitsprogramm* der Bevölkerungsstatistik hat sich in den letzten Jahren weiterentwickelt, wenn auch längst nicht im gleichen Maße, wie dasjenige der Wirtschaftsstatistik. Wichtigster Zuwachs war der Mikrozensus, der als 1-Prozent-Stichprobe erstmalig viele neue Daten über personen- und haushaltsrelevante Tatbestände gebracht hat. Dieses Master-Sample hat uns bis in die Gesundheitsstatistik hinein wertvolle Dienste geleistet.
   Wir schulden gerade hier Herrn KOLLER Dank für Anregungen und Vor-

arbeiten. Als weitere Ergänzung will ich den beachtlichen Ausbau der Bildungsstatistik nennen, wobei die oft gebrauchte Bezeichnung Bildung und Kultur für diesen statistischen Arbeitsbereich leider etwas irreführend ist. Unsere Daten über fast alle kulturellen Aktivitäten sind mehr als dürftig - eine erstaunliche Lücke. Die in den letzten Jahren immer wichtiger gewordene Bevölkerungsprognose werden wir methodisch weiterentwickeln und in einer Zeit des Wechselbades zwischen schwachen und starken Altersgruppen die Konsequenzen einer sich laufend wandelnden Altersstruktur deutlich aufzeigen müssen. Ein letzter Hinweis soll der nächsten Volkszählung gelten, die 1981 auf uns zukommt und in ihrem nach niedrigem Festpreis auf Bundesebene geplanten Programm nicht gerade beeindruckend ist. Ganz zu schweigen von dem bisher kaum erkennbaren Einsatz moderner Methoden bei Erhebung und Aufbereitung.

3. *Bevölkerungswissenschaft* und demographische Forschung haben sich in den letzten Jahrzehnten sowohl international als auch national fast lawinenartig entwickelt. Die Analyse der Bevölkerungsstrukturen und ihrer Entwicklungen hat mit der stabilen Bevölkerungstheorie, mit den Zielprojektionen von FREJKA, mit den Arbeiten von FEICHTINGER, KEYFITZ, SCHUBNELL und WANDER - um nur wenige Namen zu nennen - in den letzten 20 Jahren große Fortschritte gemacht. Auch der Erforschung der Zusammenhänge zwischen demographischen und ökonomischen Prognosen wird im Rahmen der Demoökonomie wesentlich mehr Aufmerksamkeit geschenkt als bisher. Damit waren auch für die Bevölkerungsstatistik zahlreiche Anregungen verbunden.

4. Der vierte und letzte Punkt soll auch hier dem Hinweis auf die Entwicklung des *Nachweises von Zusammenhängen* dienen. Einen Ansatz hat vor etwa 10 Jahren STONE mit seinem System demographischer Gesamtrechnungen geliefert. Es besteht im wesentlichen darin, daß die wichtigsten Elemente der Bevölkerungsstatistik - Bevölkerungsstand, natürliche Bevölkerungsbewegung, Wanderungen, Ausbildungswesen und Erwerbstätigkeit - in Form einer multidimensionalen Matrix zusammengefügt und innerhalb des Gesamtsystems und der Subsysteme Bestände und Veränderungen nachgewiesen werden.
Die formale Anlehnung an die Input-Output-Koeffizienten ist unverkennbar. Fraglich scheint mir, ob dieser Ansatz uns schon sehr viel weiterbringt; er ist mehr instrumental als materiell. In jedem Fall stellt er einen ersten wesentlichen Schritt in der Beob-

achtung von Vorgängen und Entwicklungen in Zusammenhängen dar.

## 4. ENTWICKLUNGEN IN DER MEDIZINALSTATISTIK

Vom großen Fachbereich der Bevölkerungsstatistik nun zum engeren Sektor der Medizinalstatistik. Ich will hier unter Medizinalstatistik nur die von der amtlichen Statistik betriebene Statistik im Gesundheitsbereich verstehen.

1. Zunächst ist der Bereich der Medizinalstatistik in den letzten Jahrzehnten fast so etwas wie eine "quantité négligeable" gewesen. Wenn man den sehr bescheidenen Katalog der amtlichen Medizinalstatistik vor 25 Jahren mit dem heutigen *Programm* vergleicht, hat sich bei flüchtiger Durchsicht überhaupt nichts geändert. Die alte Behauptung, daß man in die amtliche deutsche Medizinalstatistik erst mit dem Tod, d.h. über die Daten der Todesursachenstatistik eingehen könne, ist scheinbar noch immer richtig.
   Freilich zeigt eine genauere Orientierung, daß sich auch hier an einigen Stellen immerhin etwas getan hat. Ich denke an die Ansätze zum Ausbau der nicht eben modernen Krankenanstaltsstatistik durch detaillierte Angaben über die fachlich-technische Ausstattung und über den Einzugsbereich der einzelnen Anstalten und ihrer Fachabteilungen. Ich denke an die Fragen über Körpergewicht und Körperlänge der lebendgeborenen Säuglinge als Basis für weitergehende Analysen über die Säuglingssterblichkeit. Ich denke an die durch die sogenannte Kostenexplosion im Gesundheitswesen ausgelösten Untersuchungen über die Kosten der Gesundheit in institutioneller und in funktionaler Gliederung. Vor allem aber denke ich an alle Bemühungen, auf dem besonders dornigen Feld der Beobachtung der Morbidität etwas weiterzukommen. Wir haben bei mehreren Mikrozensus-Erhebungen Fragen über den Gesundheitszustand der Bevölkerung stellen können, um zumindest einmal Rahmendaten aus der Sicht der befragten Personen und Haushalte zu gewinnen. Und in frischer Erinnerung sind uns noch die Beratungen im Ausschuß Statistik des Bundesgesundheitsrates über die erstmaligen Fragen zu einigen Risikofaktoren, z.B. über das Körpergewicht oder über den Genuß von Alkohol und Nikotin bei der nächsten Mikrozensus-Erhebung. Darüberhinaus gibt es bis heute Material über die Morbidität nur für Teilbereiche - Modellerhebungen von Ortskrankenkassen, Ergebnisse von Musterungs- und Berufstauglichkeitsuntersuchungen und die uns in

der Grenze der Aussagekraft bekannte Krankheitsartenstatistik der gesetzlichen Krankenversicherung. Wir haben uns mehrfach unterhalten über zwei Möglichkeiten, um zu Fortschritten zu kommen - durch den Ausbau der Diagnosenstatistik in den Krankenanstalten und durch die Verwertung für morbiditätsstatistische Zwecke. Hier wäre die schrittweise Realisierung eines gründlich vorbereiteten Programms in den nächsten 10 Jahren ein entscheidender Fortschritt, der allerdings nur in sehr enger Zusammenarbeit mit allen beteiligten Stellen möglich sein dürfte.

In der Abbildung habe ich einmal versucht, in sehr vereinfachter Form darzustellen, wie ein gesundheitsstatistisches Programm im Rahmen der amtlichen Statistik nach großen Bereichen und Tatbeständen aussehen könnte und welche Teile hiervon ganz oder teilweise realisiert sind. Natürlich kann es sich nur um ein Zeichnen einiger Umrisse handeln, aber vielleicht kann es ein wenig nützlich für den schrittweisen Ausbau dieses Bereiches sein.

2. Die amtliche Statistik wird nach ihrem allgemeinen fachübergreifenden Arbeitsauftrag und nach den besonderen fachlichen Voraussetzungen dieses medizinischen Fachbereichs sicher immer nur *Rahmen- und Eckdaten* liefern können. Sie hat dafür die kaum hoch genug einzuschätzende Chance, bei ihren Erhebungen medizinstatistische Tatbestände mit der Erfassung von demographischen, gesellschaftlichen und ökonomischen Merkmalen zu kombinieren. Spezielle Untersuchungen und vertiefte Analysen werden aus dem wissenschaftlichen Bereich und von den fachkundigen Trägern wichtiger medizinischer Funktionen kommen müssen. Die hierfür nötige Zusammenarbeit ist im Ausschuß Statistik des Bundesgesundheitsrates in sehr erfreulicher Weise realisiert. Ich würde sie mir für die Zukunft in ähnlich intensiver Form mit den Lehrstühlen für Medizinische Statistik und Dokumentation wünschen. Schon Ihr heutiges Tagungsprogramm zeigt ja, wieviele Anregungen und Berührungspunkte es hier gibt.

3. Dies gilt, neben den Hinweisen auf neue Aufgabenstellungen, nicht zuletzt für die Entwicklung *neuer Methoden*. Hier wäre wohl zu unterscheiden zwischen spezifisch statistischer Methodik und dem medizinisch-fachwissenschaftlichen Sektor mit seinen an der Entwicklung der medizinischen Wissenschaft orientierten Aufgaben und Methoden. Die statistische Methodenlehre kann ihr Instrumentarium für

## Skizze
## eines Programms der Gesundheitsstatistik
## im Rahmen der amtlichen Statistik

| Bereich<br>Tatbestände | Erfassung | | |
|---|---|---|---|
| | ganz oder teilweise realisiert [1] | geplant [1] | noch nicht geplant oder unmöglich |
| **A. Bevölkerung** | | | |
| 1. Demographische Struktur | x | | |
| 2. Soziale Struktur | (x) | | |
| 3. Ökonomische Struktur | (x) | | |
| 4. Gesundheitsrelevante Lebensverhältnisse | | | |
| a) Risikofaktoren | | (x) | |
| b) Umwelt (i.w.S.) | [x] | | |
| **B. Institutionen des Gesundheitswesens** | | | |
| 1. Öffentliches Gesundheitswesen | x | | |
| 2. Krankenanstalten | (x) | | |
| 3. Ärztliche Praxen | (x) | | |
| 4. Apotheken | (x) | | |
| 5. Sonstige Institutionen | (x) | | |
| **C. Funktionen des Gesundheitswesens** | | | |
| 1. Präventive Medizin | (x) | | |
| 2. Kurative Medizin | (x) | | |
| 3. Versorgung mit sonstigen Waren und Dienstleistungen | (x) | | |
| **D. Gesundheits- und Sterblichkeitsverhältnisse** | | | |
| 1. Morbidität der Bevölkerung | [x] | | |
| 2. Mortalität der Bevölkerung | x | | |
| **E. Ausbildung und Forschung** | | | |
| 1. Ausbildung von medizinischen Fachkräften | x | | |
| 2. Medizinische Forschung | | | x |
| **F. Aufwand für die Gesundheit** | | | |
| 1. Aufwand nach Institutionen | x | | |
| 2. Aufwand nach Funktionen | x | | |
| **G. Auswirkungen der Krankheit** | | | |
| 1. Nichtökon. Konsequenzen | | | x |
| 2. Ökonomische Konsequenzen | (x) | | |
| **H. Aufbau eines Systems von zusammenhängenden Indikatoren** | | | x |

1) x Voll realisiert bzw. geplant. – (x) In beträchtlichem Umfang realisiert bzw. geplant. – [x] In geringem Umfang realisiert bzw. geplant.

die Analyse und Forschung in der Medizinalstatistik zur Verfügung stellen. Es ist bisher in der Arbeit der amtlichen Statistik sehr, sehr sparsam, um nicht zu sagen, kaum benutzt worden. Ich stelle mir vor, daß gerade von den Lehrstühlen für Medizinische Statistik und Dokumentation die wissenschaftlichen Impulse kommen, die sich sowohl auf die Kenntnis der Medizin und ihrer Forschungsprobleme als auch auf die Vertrautheit mit dem modernen statistischen Instrumentarium stützen. Hier liegt meine Hoffnung auf Anregungen und Weiterentwicklungen, die dann auch die Arbeit an den Rahmendaten der amtlichen Statistik unterstützen und fördern können.

4. Nach meinem Gliederungskonzept muß ich zum Schluß die Frage stellen, ob es auch für das Gebiet der Medizinalstatistik ein *zusammenfassendes System* statistischer Beobachtungen geben kann. Ist ein System einer "medizinalstatistischen Gesamtrechnung" denkbar ? Kann man ein Konzept entwickeln, das unter Anlehnung an die Volkswirtschaftlichen Gesamtrechnungen alle wichtigen Ergebnisse in einen Rahmen von institutionellen Sektoren und funktionalen Konten einordnen kann ? Ich muß gestehen, daß ich skeptisch bin, ein für ökonomische Beobachtungen entwickeltes Ordnungssystem in diesen Bereich mit Erfolg übertragen zu können. Schon in der Demographie ist dieses Problem bis heute ja nicht gelöst. Man wird sich allerdings auch hier dem Trend nach der Beobachtung von möglichst weitgehenden Zusammenhängen kaum entziehen können. Eine Lösungsmöglichkeit liegt vielleicht darin, in Anlehnung an das System sozialer Indikatoren auch für den Bereich der Medizinalstatistik ein System von Gesundheitsindikatoren zu entwickeln, das alle wichtigen Größen in einer systematischen und auf Zusammenhänge abgestellten Ordnung enthält. Ich denke an ein Gespräch über diese Probleme in einer Sitzung des Statistischen Ausschusses beim Bundesgesundheitsrat, der unter seinem Vorsitzenden KOLLER diese Frage vor kurzer Zeit mit einigen Soziologen diskutiert hat. Wir haben die sich hier abzeichnenden Ordnungs- und Orientierungsmöglichkeiten begrüßt, aber vor zu weitgehenden Hoffnungen und Erwartungen gewarnt. Vor allem waren und sind wir wohl skeptisch, ob es gelingen kann, "*den*" hochaggregierten Gesundheitsindikator zu gewinnen, der dann dem Sozialprodukt ähnlich, uns "*die*" Entwicklung der Gesundheit anzeigt.
Wir werden besser darüber nachdenken, wie wir für einen so differenzierten Bereich quantitativer und qualitativer Aspekte einen Ordnungsrahmen finden, den wir in einer systematisch sinnvollen

Form mit wichtigen Indikatoren ausfüllen können, ohne die Vielschichtigkeit der Aufgabenstellungen und Zusammenhänge zu vergessen, vor der wir gerade in diesem Sektor stehen. Wichtig wäre es auch, die Medizinalstatistik noch stärker als bisher in ihren Verknüpfungen und Zusammenhängen mit den demographischen, gesellschaftlichen und ökonomischen Vorgängen zu sehen. Aber das ist eine sicher komplexe Problemstellung, die weit über die sehr begrenzten Möglichkeiten der amtlichen Statistik hinausgeht. Es wäre ein ideales Thema für eine Gemeinschaftsarbeit während der nächsten 10 Jahre.

# GESUNDHEITSSYSTEMFORSCHUNG

Karl Überla, München

Gesundheitssystemforschung ist ein Wort, das mit Inhalt gefüllt werden könnte. Außer seiner Aktualität, die durch die Kostenproblematik bestimmt ist, hat es auf den ersten Blick wenig konkreten Inhalt. Dies löst beim Wissenschaftler zunächst Unbehagen aus.

Ich spreche deswegen über Gesundheitssystemforschung, weil hier eine zukunftsträchtige Entwicklung liegen könnte. Ähnlich wie die Medizinische Informatik hat die Gesundheitssystemforschung einerseits Wurzeln in der bisherigen Tätigkeit unseres Fachgebietes, andererseits weist sie deutlich darüber hinaus.

In der gebotenen Kürze will ich vier Fragen stellen:

1.) Gibt es so etwas wie Gesundheitssystemforschung ?

2.) Was ist Gesundheitssystemforschung und welche Aufgaben hat sie ?

3.) Welche Methoden stehen der Gesundheitssystemforschung zur Verfügung ?

4.) Welche Probleme hat die Gesundheitssystemforschung heute ?

## 1. GIBT ES SO ETWAS WIE GESUNDHEITSSYSTEMFORSCHUNG ?

Wir sind dieser Frage empirisch nachgegangen in unserer Arbeitsgruppe in einem Projekt "State of the art-report: Gesundheitssystemforschung", das von der Bosch-Stiftung unterstützt wird. Dabei wurden drei Wege beschritten:

1.) Wir haben versucht, alle erreichbare Literatur zu sammeln. Es gingen etwa 5000 Publikationen ein, die bis Ende 1976 erschienen waren und die sich mit Themen aus der Gesundheitssystemforschung beschäftigen. Diese Publikationen wurden verschlagwortet und stehen in einem Literaturretrieval-System zur Verfügung. Die Erstellung eines Thesaurus mit ca. 300 key-words sowohl in Deutsch als auch in Englisch hat uns dazu gezwungen, das Feld zu strukturieren und lose abzugrenzen. Mit dieser Literatursammlung und dem Thesaurus ist das Umfeld der Gesundheitssystemforschung empirisch gegeben.

2.) Wir haben ca. 1500 Wissenschaftler auf der ganzen Welt angeschrieben und auf einem Fragebogen um kurze Angaben zu eigenen Arbeiten und zur Gesundheitssystemforschung gebeten. Etwa 400 Antworten gingen ein, bei der hohen Fluktuation, besonders in den USA, eine vernünftige Zahl.

3.) Wir haben etwa 400 Forschergruppen persönlich aufgesucht und systematisch befragt.

Insgesamt kann man aufgrund dieser empirischen Analyse sagen - ohne Einzelergebnisse vorwegzunehmen, die demnächst erscheinen werden -, daß es ein unscharf abgegrenztes Gebiet "Gesundheitssystemforschung" in der Literatur und im Bewußtsein der scientific community gibt. Etwa 30-50 ernstzunehmende und mit einigen Ressourcen versehene Forschungsgruppen beschäftigen sich weltweit mit diesem Gebiet.

## 2. WAS IST GESUNDHEITSSYSTEMFORSCHUNG UND WELCHE AUFGABEN HAT SIE ?

Dazu liegt keine übereinstimmende Auffassung vor. Vorschläge der Literatur gehen von einzelnen Methoden, von Zielvorstellungen oder von mannigfach gemischten Ansätzen aus. Zunächst ist das Gesundheitssystem zu definieren, dann die Gesundheitssystemforschung.

Ein *Gesundheitssystem* ist das Ganze aller Personen, Institutionen, Regeln, Verfahren und Prozeßabläufe, medizinischer und nichtmedizinischer Maßnahmen, durch die eine bestimmte Bevölkerung versorgt wird.

Zur Abgrenzung eines Gesundheitssystems gehört zunächst eine bestimmte Bevölkerung, die Bestimmung von Gesundheitsdienstleistungen und Gesundheitsgütern, medizinischer und nichtmedizinischer Maßnahmen sowie die Festlegung der beteiligten Personen, Institutionen, Regeln,

Verfahren und Prozessabläufe. Ein Gesundheitssystem wird als Ganzes betrachtet, das sich teilweise in Subsysteme auflösen läßt.

Die *Gesundheitssystemforschung* beschäftigt sich forschend mit derartigen Gesundheitssystemen, und zwar

- zum Zweck der besseren Erkenntnis und des besseren Verstehens des Funktionierens von Gesundheitssystemen und ihrer Subsysteme
- zum Zweck der rationalen angewandten Entscheidungsunterstützung über Teilkomponenten oder über das System als Ganzes.

Die *Aufgaben* einer Gesundheitssystemforschung sind

1.) eine detaillierte Systemanalyse
2.) die Entwicklung und die Kritik von Methoden, Verfahren und Instrumenten der Gesundheitssystemforschung.

Zum ersten Aufgabenkreis, der detaillierten Systemanalyse, gehören etwa

- die Abgrenzung von Gesundheitssystemen von anderen Teilsystemen der Gesellschaft
- die Beschreibung von Gesundheitssystemen hinsichtlich
  . ihrer Struktur (Planungs-Entscheidungs-Leistungs-Finanzierungsträger)
  . ihrer Prozessabläufe
  . der erbrachten Leistungen
  . der Versorgungsergebnisse
- die Analyse der Engpässe und Schwachstellen von Gesundheitssystemen und ihrer Komponenten
- Die Abbildung von Gesundheitssystemen durch Modelle und Teilmodelle, die Abbildung des Ineinandergreifens der Teile sowie die Simulation von Alternativen mit Hilfe formaler Methoden.

Nach dieser Abgrenzung und Aufgabenbeschreibung kommen wir zur dritten Frage:

## 3. WELCHE METHODEN STEHEN DER GESUNDHEITSSYSTEMFORSCHUNG ZUR VERFÜGUNG ?

Hier muß ich grob zusammenfassen, denn der Versuch einer Aufzählung würde die Zeit sprengen. Wir haben in unserem Thesaurus Methoden, Verfahren und Instrumente der Gesundheitssystemforschung nach drei grossen Bereichen gegliedert. Hinter jedem der folgenden Namen stehen eine Fülle von Verfahren:

1. *Methoden, Verfahren, Instrumente der "Soft Sciences"*

   Hierher gehören Verfahren der Demographie, Demoskopie, Epidemiologie, Indikatorenforschung, der Med. Soziologie, Med. Psychologie, der Sozialmedizin und Verhaltensforschung.

2. *Methoden, Verfahren, Instrumente der "Metric Sciences"*

   Hierher gehören Verfahren der Ökonomie, Ökonometrie, Finanzwissenschaft, der Mathematik, der Informatik, des Operations Research und der Statistik.

3. *Methoden, Verfahren, Instrumente der "System Sciences"*

   Hierher gehören Verfahren der Systemtheorie, der Kybernetik, der Wissenschaftstheorie, der Informations- und Kommunikationswissenschaft.

Die Vielzahl der Verfahren, die in Publikationen verwendet werden, und von denen behauptet bzw. angenommen wird, daß sie der Gesundheitssystemforschung nützlich sein können, legt zwei Folgerungen nahe:

1.) Es werden sich zahlreiche widersprechende Sachaussagen ergeben. Eine Bewertung einzelner Verfahren hinsichtlich ihrer Einsatzgrenzen ist notwendig, um die Spreu vom Weizen zu trennen in der Vielzahl der heraufkommenden Publikationen.

2.) Interdisziplinäre Gruppen sind über längere Zeit auf konkrete Projekte auszurichten, um gewisse Gemeinsamkeiten der Denkweisen und Methodengleichheit zu erreichen.

## 4. WELCHE PROBLEME HAT DIE GESUNDHEITSSYSTEMFORSCHUNG HEUTE ?

Diese Probleme lassen sich in fünf verschiedene Gruppen ordnen:

1. *Methodenprobleme*

Die Methoden der Gesundheitssystemforschung sind vielfältig, heterogen und unterschiedlich weit entwickelt. Ihre Einsatzbereiche sind empirisch nicht hinreichend abgeklärt. Ihre Verfeinerung, gegebenenfalls grundsätzliche Neuentwicklungen und die Methodenbewertung stehen an. Die Bündelung verschiedener Methoden, um konkrete Sachaussagen zu erhalten, ist ungenügend untersucht. Die methodische Qualität, durch die die Grenzen der Aussagefähigkeit abgesteckt werden, ist zu verbessern. Es gibt also zahlreiche Methodenprobleme.

2. *Probleme bei der Auswahl geeigneter Anwendungsfelder*

Die Anwendungsfelder werden den Erfolg der Gesundheitssystemforschung in den ersten Jahren zu einem nicht geringen Teil mit bestimmen. Erfolgversprechende Anwendungsfelder könnten z.B. sein: Die Entwicklung von Qualitätskriterien von den Standards für medizinische Leistungen, die Entwicklung einer Medizin-Ökonomie aus medizinischen Ansätzen heraus, Makromodelle, oder Effizienz- und Effektivitätsanalysen. Die geschickte Auswahl geeigneter Anwendungsfelder ist ein wichtiger Problemkreis.

3. *Datengewinnungsprobleme*

Die Datenbasis, auf der Aussagen der Gesundheitssystemforschung beruhen, ist unbefriedigend. Vorhandene Daten sind historisch gewachsen, lückenhaft und in vielen Bereichen gibt es sie nicht. In der ganzen Bundesrepublik gibt es z.B. keine Stelle, die alle Daten aus dem Gesundheitsbereich zusammentragen würde - eine relativ einfache und nützliche Aufgabe. Die vorhandenen Daten können nicht mehr als ein Startpunkt sein. Unter den Gesichtspunkten der Gesundheitssystemforschung sind neue geeignete Daten zu erfassen, und dafür sind organisatorische Voraussetzungen zu schaffen. Datengewinnungsprobleme sind ein offener Aufgabenkreis.

4. *Rollenprobleme*

Die Gesundheitssystemforschung ist als wissenschaftliches Fach noch nicht geformt. Derzeit werden Wissenschaftler von verschiedenen Interessengruppen finanziert. Wenn Gesundheitssystemforschung mehr sein soll als ein nützliches Instrument der Gesundheitspolitiker - negativer gesagt, wenn Gesundheitssystemforschung mehr anzubieten hat als eine bezahlbare Alibifunktion für die in der jeweiligen Gesellschaft dominierenden Tendenzen -, dann muß sie sich als wissenschaftliche Fachrichtung durch die Qualität ihrer Arbeit profilieren. Ein dauerndes Massengeschäft in Gesundheitssystemforschung würde ihre Rolle endgültig etablieren, sei es auf dem Ausbildungssektor, sei es auf dem Sektor der Organisation medizinischer Dienstleistungen. Die Notwendigkeit einer Gesundheitssystemforschung, die diesen Namen verdient, angesichts des horrenden Mangels an Wissen, ist jedenfalls unbestritten.

## 5. *Wert- und Zielprobleme*

Die ökonomischen Kriterien der Industrie und die scheinökonomischen Kriterien der öffentlichen Verwaltung sind für soziale und medizinische Systeme unbrauchbare Krücken. Die Amortisation eines Krankenhauses ist ebenso unbestimmbar wie die Amortisation eines schönen öffentlichen Gebäudes, einer Bibliothek, eines Kunstwerkes oder einer menschlichen Wohnung. Der Versuch, die "Intangiblen" der Medizin zu monetarisieren, führt zu unlösbaren Konflikten.

Wertmaßstäbe, die dem Gesundheitssystem inhärent sind, d.h. die den kranken und gesunden Menschen entsprechen, sind zu entwickeln und meßbar zu machen. In der Wert- und Zielproblematik liegt eine Hauptaufgabe der Gesundheitssystemforschung. Es genügt nicht, unsere Methodik zur Beforschung des Gesundheitssystems zu verbessern - man kann die Methodik, mit der man Hühner befühlt, ob sie Eier legen werden, verbessern, aber ob die Eier dann besser sind oder die Hühner in ihren Käfigen glücklicher, bleibt offen.

Vier Beispiele:

- Wie ist der Wert des Dienens und des Helfens am kranken Menschen eingeordnet gegenüber den Werten der Technologie und Effizienz ?
  In der Krankenhausplanung scheint das heute keine Rolle zu spielen, obwohl Krankenhäuser über Jahrhunderte vom Wert des Dienens und Helfens lebten.

- Wo ist die Menschlichkeit und die Muße der Begegnung mit einem Kranken vorhanden ? In der Berechtigungs- und Schein-Medizin, in der Zeitscheiben von Ärzten Patienten zugeordnet werden, ist sie nicht mehr erkennbar.

- Wo kommt die Kunst und die Schönheit, die Freude zur Geltung in unseren Kliniken und Arztpraxen ? Die vorgeschriebene Kunst am Bau erfüllt nicht einmal eine Alibifunktion im Erleben der Betroffenen.

- Wo sind in unseren Spielregeln zur Regulierung des Gesundheitssystems Werte für Kranke und Ärzte erkennbar ? In den Gesetzen zur Rentenfrage, zur Krankenhausfinanzierung oder zur Kostendämpfung wohl kaum, sicher noch weniger in den Durchführungsbestimmungen und in der Durchführung dieser Gesetze vor Ort.

Die ökonomische Effizienz unseres Handelns ist an Werten auszurichten. Jenseits der Gesundheitssystemforschung im engeren Sinn liegen die eigentlichen Probleme. Dieses Jenseits abzugrenzen, damit zumindest negativ zu definieren und sich daran auszurichten, bleibt der Gesundheitssystemforschung erst zu leisten.

Gesundheitssystemforschung ist mehr als ein Wort, das einen aktuellen Anlaß hat. Gesundheitssystemforschung bündelt sehr verschiedene und komplexe methodische Ansätze mit dem Ziel, das Ganze des Gesundheitssystems in den Griff zu bekommen, das eben mehr ist als die Summe seiner Teile. Dabei könnte das Unwahre und Trügerische offenbar werden, das Systemen immer anhängen muß - Systeme, die den Menschen nicht nur nützen, sondern sie auch auf falschen Fährten und breiten Straßen lange Zeit zu ihren Schaden festhalten.

Der Aspekt der Zeit ist der letzte Gesichtspunkt für unsere Maßstäbe. Man sollte Medizin nach den Maßstäben von Jahrhunderten und im Sinn einer Bevölkerungsmedizin betreiben und nicht nach dem Maßstab des einzelnen Patienten oder kurzfristiger Kosten. Diese Langfristigkeit und Irreversibilität der Zeit macht die Beschäftigung mit der Gesundheitssystemforschung attraktiv wie die Beschäftigung mit der Astronomie.

Der Blick auf das Ganze und der Blick auf die langfristige Entwicklung, verbunden mit nüchterner Bescheidenheit, ist das, was die Medizinische Statistik und Dokumentation, wie wir sie bei KOLLER gelernt haben, schon immer gekennzeichnet hat. So betrachtet, ist die Gesundheitssystemforschung nichts Neues, sondern eine logische Weiterführung der bisherigen Tätigkeit im Fachgebiet. Es ist für die Gesundheitssystemforschung sicher vorteilhaft, etwas von dieser nüchternen Bescheidenheit der Medizinischen Statistik und Dokumentation als Erbteil zu erhalten.

# INTERNATIONAL ASPECTS OF CANCER STATISTICS

Ingeborg Heinze und Harald Hansluwha

## INTRODUCTION

Cancer is a major health problem both as a cause of sickness and death and as a heavy burden on medical care resources throughout the world. In 1975 about 5 million people died from cancer in the world out of an estimated total number of 50 million deaths. For Europe and the USSR the number of deaths from cancer may be estimated at one and a quarter million, or 16 %. Moreover, it is a problem of increasing relative importance as other diseases decline. WHO has accordingly endeavoured to give special attention to the compilation of statistics in this field.

The main objectives of WHO's programme in cancer statistics are:
(1) to collect and disseminate data on the size, distribution and trends of cancer as a world health problem and on the resources assigned to cancer control services. These data form the basis of a world-wide cancer statistics network;
2) to promote the development and use of national cancer statistics information subsystems and to recommend international standards definitions and procedures aimed at improving the quality, comparability and usefullness of cancer statistics;
3) to stimulate, coordinate and support statistical studies in cancer epidemiology, the evaluation of treatment, and the evaluation of cancer control measures.

The ultimate objective of WHO's programme in cancer statistics is the setting up of a world-wide network of "Cancer Statistics Information Subsystems", which are defined as "the totality of statistical information relating to cancer existing on a national basis, even though this totality may consist of a number widely dissimilar types of statistics derived from different sources, developed at different times, processed and disseminated in different ways, and used for different purposes by a variety of users".

The output purposes of such a subsystem fall into three general categories:

a) Descriptive, i.e. for purposes of orientation, comparison, monitoring and prediction .
b) Explanatory, for purposes of epidemiological, clinical and other research into the causes of cancer, its treatment and control.
c) Evaluative, for purposes of assessing the effectiveness of different forms of treatment or of the impact of various elements within a cancer control program such as early detection and special diagnostic or treatment centers. In a wider sense, the estimation of social and economic effects of cancer may be included under this heading.

The following categories of statistics can be identified:

I. Statistics of cancer cases (morbidity, mortality and survival)
II. Cancer control statistics (cancer services, manpower, expenditure) and
III. Cancer research statistics

A uniform model for a national cancer information system containing a minimum data set would be a useful product for all countries to have, particulary for those whose information systems are just developing.

The role of WHO in the development of a uniform model consists of preparing guidelines and standardized procedures for information systems as has already been done, for instance, for hospital-based tumor registries, and as is currently being prepared by IARC for population-based registries. Meetings of experts are convened to develop standard definitions in problem areas, such as in survival studies.

Following is a brief review of the current status of the implementation of the WHO Cancer Statistics programme:

1. STATISTICS OF CANCER CASES
   1. Morbidity
      The term morbidity is used to denote that incidence as well as prevalence is included. Two methods are generally employed

in the collection of morbidity data

- the establishment of cancer registration systems, or
- the initiation of a cancer survey.

A survey on the availability of cancer incidence data, based on the joint IARC and IACR publication of volume III on "Cancer in Five Continents" provides the remarkable insight, that for only 5 % of the world population cancer incidence data are available (Figure 1). There are striking differences between WHO Regions, but the judgement that the situation is a very unsatisfactory one holds for all regional groupings.

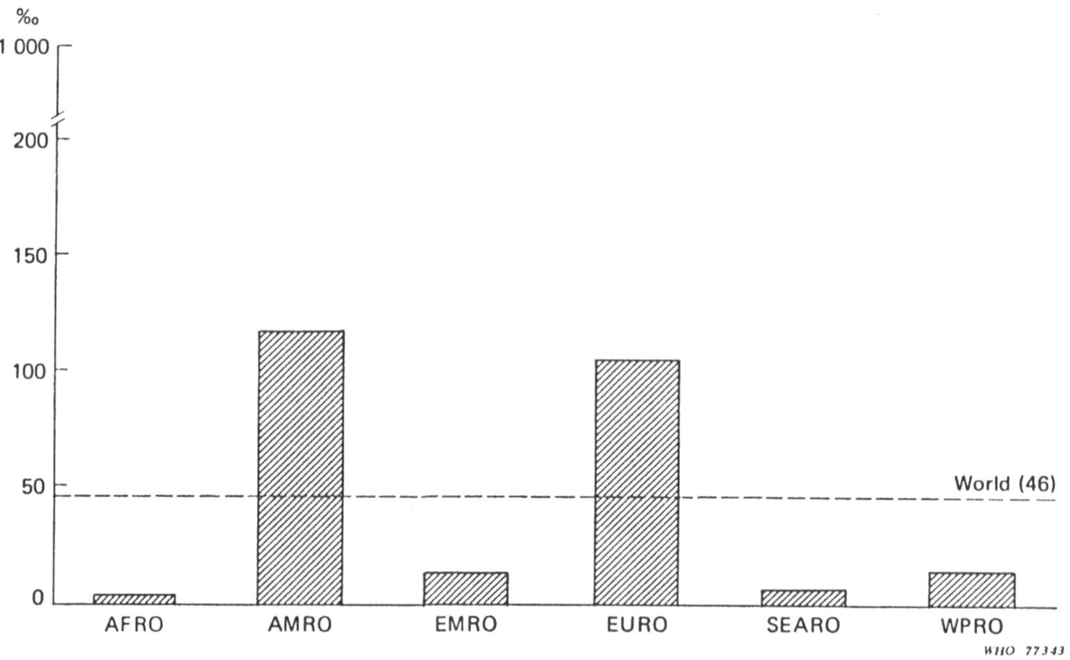


Figure 1 Cancer incidence
Proportion of population (per 1000) for which data are available by WHO regions (around 1970)

A subdivision of Europe according to the UN grouping reveals that incidence data are available for about 60 % of the population of Northern Europe, 25 % of the population of Eastern Europe and only 2 % each in Southern and Western Europe (Figure 2)

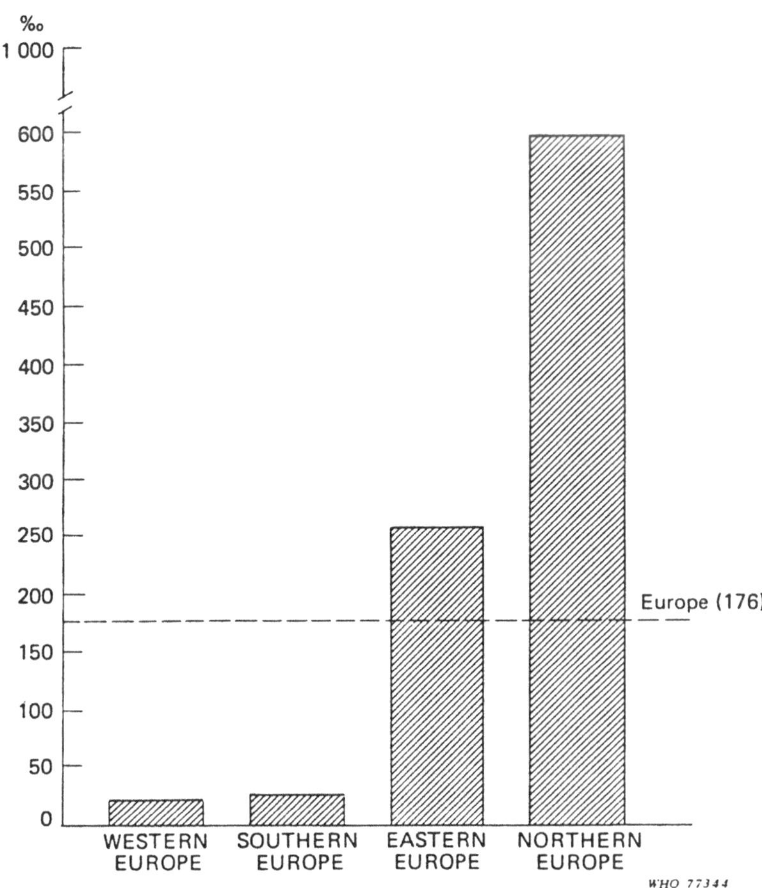


Figure 2 Cancer incidence
Proportion of population (per 1000) for which data are available by European Sub-region (around 1970)

There are three essential points to be born in mind for the interpretation of these figures:

1) Cancer registries for administrative and financial considerations usually cover only populations of limited size.
2) Some countries or registries may have failed to pass on their data to IARC.
3) The third point refers to the IARC-IACR practice to exclude from its publications those registries where the number of deaths due to cancer exceeded the number of cases registered during the same period. This practice does not imply that the data published in "Cancer in Five Continents " can be assessed as "reliable", it merely implies that the published figures passed through the first crude test. Volume III of "Cancer in Five Continents" contains an interesting chapter on reliability of data and discusses also some of the conventional indicators of quality of data. The fact that in the European Region cancer incidence data are readily available only for about one-tenth of its population, indicates the magnitude of the task ahead in planning for more and better morbidity statistics.

2. Mortality

It is the most reliable component of cancer statistics. In countries with efficient civil registration, mortality statistics have a high degree of completeness, reasonably good accuracy, are normally compiled in accordance with internationally accepted recommendations, rules and procedures, making them both uniform and comparable, and are available over long periods of time.

The availability of cancer mortality data around 1975 and 20 years earlier is shown to you in graphs 3 and 4. There are two prominent features, namely, the unequal distribution of available data, and the insignificant progress achieved over the past two decades. The mortality statistics compiled by WHO are national and official, i.e., they include only countries with data for the whole territory and population which have been released by the governments concerned. For somewhat more than a quarter of mankind, information on cancer mortality is available according to the detailed ICD-list.

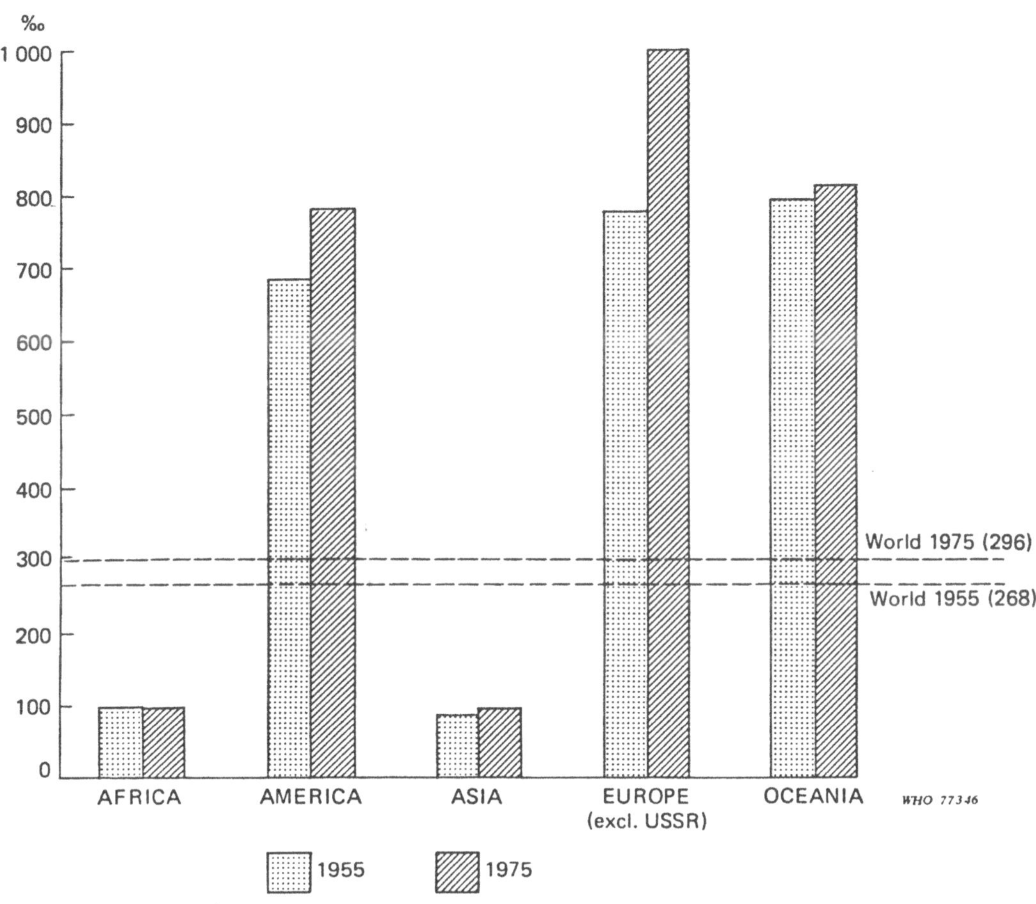


Figure 3 Cancer mortality
Proportion of population (per 1000) for which data are available by continent (1955 and 1975)

3. Survival data

Information on survival of cancer patients, treated or untreated, may be derived form the records of individual clinicians, hospitals or hospital groups operating a "hospital-based" cancer registry, or from a "population-based" cancer registry.

For the study of survival experience two approaches are feasible which are sometimes described as "active" and as "passive follow-up".

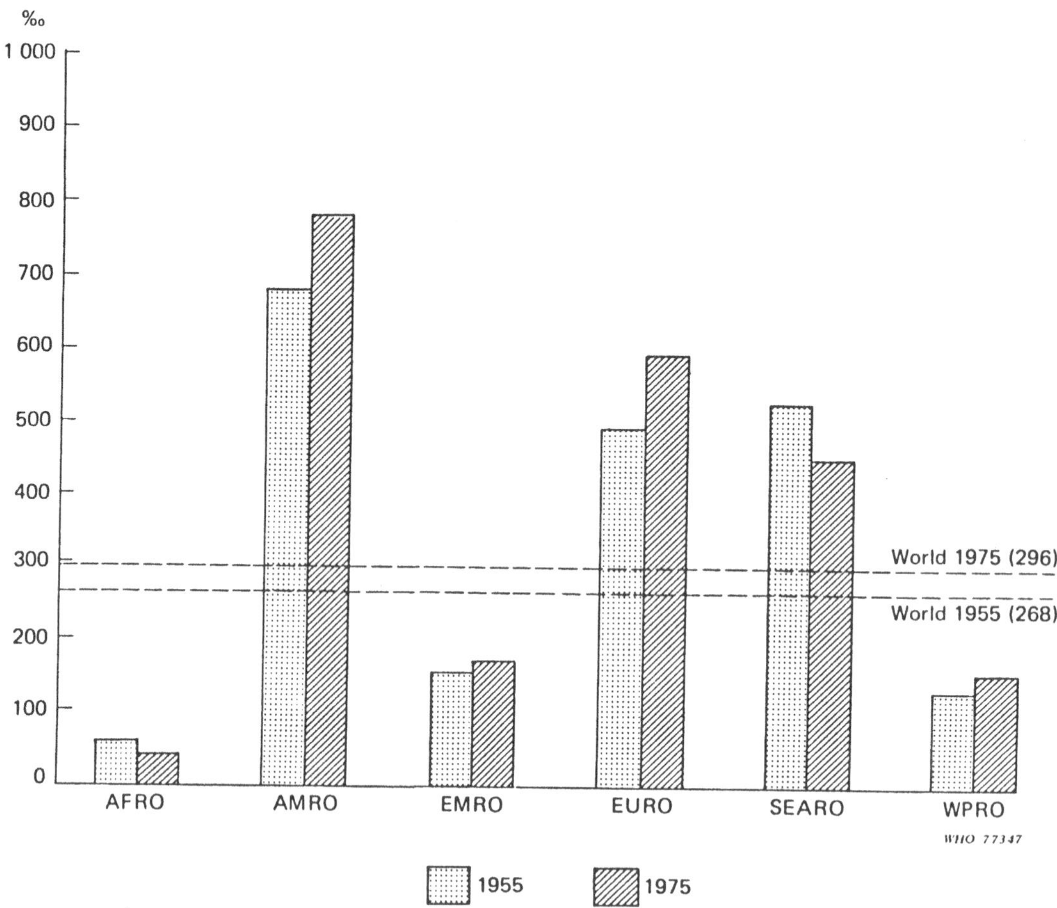


Figure 4 Cancer mortality
Proportion of population (per 1000) for which data are available by WHO region (1955 and 1975)

"Active follow-up" refers to the maintenance of contact with the patient, usually at regular intervals after completion of initial treatment until his eventual death. Details of further treatment and of extension of growths or of metastases are included in the record together with the time at which they occured.

"Passive follow-up" consists essentially of matching a death certificate to a cancer registration form for the same patient, thus providing the two end-points of initial registration at the time of diagnosis of cancer and death of the patient, whether from cancer or any other cause.

## 2. CANCER CONTROL STATISTICS

Cancer control statistics comprise statistics of resources and of cancer services and their activities. They may be generated in information systems outside cancer registries, such as those maintained by national and local health services, individual hospitals and treatment centers, and voluntary organizations.

Their principal reasons are:

a) assistance in the administration and coordination of cancer services and the effective management of curative, preventive and environmental services;
b) development of short-term and long-term planning of cancer services;
c) assessment of whether cancer services are accomplishing their objectives (effectiveness) and whether they are doing so efficiently;
d) presenting in depth particular problems of cancer and their consequences (an article on cancer survival will appear in the WHSR No. 1, 1978) and
e) the provision of background data that may be required from time to time by other administrative organs, legislative bodies, or members of the public.

The area of cancer service statistics is wide, important and underdeveloped. It includes statistics on:

a) Resources, such as
   - buildings, equipment, and facilities
   - statistics on manpower
   - health expenditure statistics
b) Statistics of activities and utilization of cancer services. These, broadly classified by purpose and type of service, comprise:
   - preventive services and
   - curative services, including diagnostic services; and
c) Statistics estimating the social and economic implications of cancer - a very difficult area to be dealt with. For example: in estimating the economic cost of illness, a distinction is usually made between direct and indirect costs. Direct costs

comprise outlays for prevention, detection, treatment, rehabilitation, research, training, as well as investment in medical facilities. Indirect costs are measured in terms of "loss of output" due to morbidity and premature death. As an example of the application of this approach, results for the US may be quoted[1]. For 1972 the total economic costs of cancer in the US were estimated at US $ 17.4 billion; direct costs accounted for 20 % of this total. A sub-division of the indirect costs, which accounted for 80 %, revealed that loss due to disability was practically negligible, namely 5 %. About three quarters of the total economic cost of cancer resulted from premature death. Nevertheless, the social and economic implications of the disease are receiving increasing attention. The implications for data needs and statistical methodology, therefore, need to be considered in any attempt at setting up a cohesive cancer statistics information network.

Views concerning the priorities to be attachhed to the development of cancer control and service statistics, as well as to the feasibility of obtaining a reasonable degree of international comparability vary, but there can be not doubt, that these statistics are an integral and indispensable part of a national cancer control programme.

## 3. CANCER RESEARCH STATISTICS

This broad field covers primarily statistics on cancer research, but also for cancer research, and statistical methods in cancer research. (Some relevant aspects of this field, growing continuously in importance, were discussed at a recent WHO meeting on Cancer Statistics Information Subsystems)[2].

[1] Social Security Bulletin, Feb. 76, US Dept. of Health, Education and Welfare

[2] DSI/CAN/WP/76.16

## 4. PROMOTIONAL ACTIVITIES

Some of the major activities of WHO to assiste countries in improving the unsatisfactory state of statistical information on cancer is directed towards the development of national cancer statistics information subsystems, the encouragement of cancer registries , the provision of detailed international classification codes, the formulation of information guides, the dissemination of statistics and other pertinent information, further, the active promotion of education and training in health statistics, the convening of technical meetings (like the expert committee meeting planned for this year to discuss the role of cancer statistics in the development and evaluation of cancer control activities), the publication of analytical studies and review articles, which are based on statistical material stored in WHO's computerized data bank and the findings of the international collaborating centers for research on diagnosis, treatment and results of treatment.

WHO is putting special emphasis on statistical methodology, comprising the development or adaption of methods aimed at assessing the quality and comparability of statistical data; in this regard we are especially thankful to Prof. KOLLER for his excellent pioneer work performed over the past 40 years.

WHO further develops methods of statistical analysis and presentation, such as sex/age standardization, life table techniques, multifactorial and cohort analysis; methods for evaluating early detection programs, diagnostic techniques, preventive measures, the results of treatment; and statistical methods evaluating the effectiveness and efficiency of cancer control programs, systems analysis related to the best use of resources, manpower and money, and the way in which statistical data can be obtained and used in order to answer the questions arising in these fields.

## 5. SUMMARY

International aspects of cancer statistics have been highlighted and attention drawn to the serious gaps in availability of basic statistical data. The setting up of cohesive national cancer statistics has been stressed. The need for evaluation of quality, relevance and comparability of statistical information has been emphasized.

A synopsis of major activities of WHO to cope with the challenge has been presented.

# STATISTIK UND EPIDEMIOLOGIE

Hans-Joachim Lange, München

## 1. EINLEITUNG

Im Dezember 1966 habe ich in Mainz meine öffentliche Vorlesung im Rahmen der Habilitation gehalten. Mein Thema lautete: "Epidemiologische Ansätze zur Erforschung koronarer Herzerkrankungen".
Nach nunmehr 11 Jahren bietet es sich an, das damals Vorgetragene gewissermaßen fortzuschreiben. Ich werde daher das Thema: "Statistik und Epidemiologie" nicht allgemein, sondern am Beispiel der methodischen Entwicklung des letzten Jahrzehnts auf dem Gebiet der Epidemiologie koronarer Herzerkrankungen abhandeln.

Mein damaliges Thema hatte ich auf Anregung von Herrn KOLLER gewählt. Epidemiologische Fragestellungen und Aufgaben waren und sind ein Schwerpunkt der Arbeit des Mainzer Instituts für Medizinische Statistik und sind auch ein Schwerpunkt der Schüler von Herrn KOLLER, die aus diesem Institut hervorgegangen sind.

In meiner Vorlesung 1966 hatte ich die methodischen Ansätze nach den zur Verfügung stehenden Materialien eingeteilt in

1. Ansätze der Todesursachenstatistik.
   Diese dienen vor allem zur Gewinnung von Basisinformationen.
2. Ansätze an Kliniks- und Obduktionsmaterial.
   Hier ist Vorsicht am Platze, da über ungleiche Selektionen in den Vergleichsgruppen statistische Scheinassoziationen zwischen Faktor und Krankheit auftreten können, die durch besondere methodische Vorkehrungen nach Möglichkeit ausgeschaltet werden müssen.
   Herr KOLLER hat in dieser Hinsicht schon in den 30er Jahren den Vergleich von Gruppen, die durch ein Hauptleiden definiert sind, vorgeschlagen und vor der Verwendung des undefinierten Materialrestes, der aus allen übrigen Kranken besteht, als Vergleichsgruppe gewarnt.

3. Morbiditätsuntersuchungen in der Bevölkerung, insbesondere mittels prospektiver Studien, wie z.B. der Framingham-Studie.

Auf methodische Entwicklungen bei der statistischen Auswertung derartiger Studien möchte ich im Folgenden eingehen.

## 2. UNZULÄNGLICHKEIT UNIVARIATER AUSWERTUNGEN

Die Ätiologie der koronaren Herzkrankheit - im Folgenden KHK abgekürzt - ist bekanntlich multifaktoriell. Wir können daher, wie bei den meisten nicht infektiösen chronischen Krankheiten, von vornherein keine eindeutige Beziehung zwischen *einem* Faktor und der Krankheit erwarten. Die früher fast ausschließlich durchgeführte unifaktorielle Inzidenzberechnung, z.B. bei der Auswertung der Framingham-Daten, wurde der multifaktoriellen Genese der KHK zunächst in keiner Weise gerecht. Die Inzidenz ist dabei ein Schätzwert für das Risiko, in einem definierten Zeitraum von einer KHK befallen zu werden.

Wir alle kennen die Säulendarstellung der KHK-Risiken, z.B. für Klassen der Merkmale Cholesterin, Blutdruck, Körpergewicht etc. der Framingham-Studie (s. Abb. 1).

Der Framingham-Studie kommt das große Verdienst zu, das Konzept der Risikofaktoren in die KHK-Epidemiologie eingeführt zu haben. Nach einer WHO-Konferenz im Jahre 1971 spricht man von Risikodeterminatoren, die entweder Risikofaktoren im engeren Sinn (mit ätiologischer Bedeutung) oder Risikoindikatoren sein können.

Bei den bis Ende der 60er Jahre üblichen Ansätzen wurde also jeweils meist nur ein Faktor, d.h. ein Merkmal, unter Vernachlässigung der übrigen berücksichtigt. Hätte man die statistischen Beziehungen der verschiedenen Kombinationen von Faktorausprägungen zur KHK-Inzidenz mit den bis dahin üblichen Verfahren untersuchen wollen, hätte man die Methode der Kreuzklassifizierung anwenden müssen, d.h. man hätte in Untergruppen nach Kombinationen der Merkmalsausprägungen die Inzidenzwerte ermitteln müssen. Zum Beispiel bei 8 Faktoren mit 3 Klassen (bzw. Ausprägungen) ergeben sich bereits $3^8 = 6561$ Kombinationen, d.h. man müßte in 6561 Untergruppen Inzidenzwerte ermitteln. Dafür hätte aber auch das Datenmaterial der größten bis dahin durchgeführten Studien nicht aus-

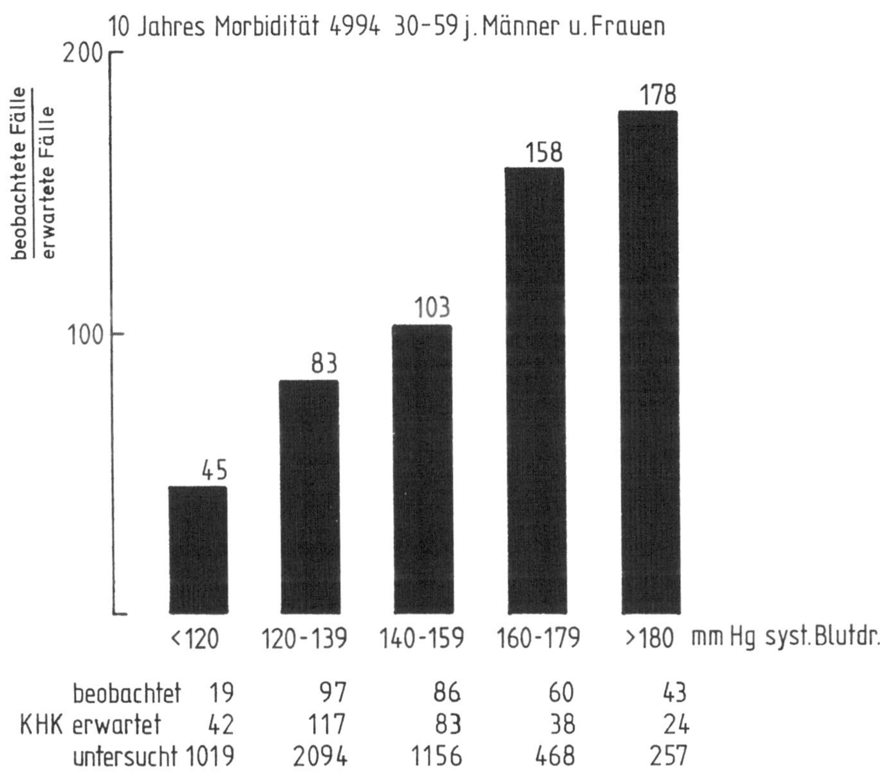


| | | <120 | 120-139 | 140-159 | 160-179 | >180 |
|---|---|---|---|---|---|---|
| | beobachtet | 19 | 97 | 86 | 60 | 43 |
| KHK | erwartet | 42 | 117 | 83 | 38 | 24 |
| | untersucht | 1019 | 2094 | 1156 | 468 | 257 |

Abb. 1 Koronare Herzkrankheit und systolischer Blutdruck, 10 Jahre Framingham-Studie.
(Aus: Kannel, W.B., Widmer, L.K. und T.R. Dawber, Schweiz.med.Wschr. 95, (1965) 595)

gereicht, selbst bei Anwendung von Standardisierungstechniken. Da es sich bei epidemiologischen Studien zudem nicht um Experimente, sondern um Beobachtungen handelt, wären auch bei großer Fallzahl insgesamt vermutlich trotzdem viele Zellen nicht oder nur schwach besetzt gewesen. Man benötigte daher für die Auswertung derartiger Studien Modelle, bei welchen die Beobachtungsinformationen für die Schätzung einiger kennzeichnender Parameter gewissermaßen aufsummiert werden.

## 3. MULTIVARIATE LOGISTISCHE FUNKTION

1962 hat CORNFIELD vorgeschlagen, für die Auswertung der Framingham-Daten ein multivariates logistisches Modell anzuwenden, was sich als eine sehr fruchtbare Konzeption erwiesen hat. Das Modell stellt die multivariate Erweiterung der bei univariaten Dosis-Wirkungs-Untersuchungen seit langem bekannten Logit-Transformation dar:

$$P(KHK|x) = P = \left[1 + e^{-(\alpha_0 + \sum_{i=1}^{k} \alpha_i x_i)}\right]^{-1}$$

$\alpha_i$ = Modellparameter

$x$ = Realisation von $X$

$X = (X_1, \ldots, X_k)$ = Vektor der Prädiktionsvariablen

$x_i$ = Realisation von $X_i$

$$\text{logit } P = \log_e \frac{P}{1-P} = \alpha_0 + \alpha_1 x_1 + \alpha_2 x_2 + \ldots + \alpha_k x_k$$

Der Ausdruck Prädiktionsvariable ist eine auf das Modell bezogene Bezeichnung für Risikodeterminator. Unter der Annahme einer multivariaten Normalverteilung schlug CORNFIELD vor, die Modellparameter, d.h. die Koeffizienten mittels der Diskriminanzanalyse nach R.A. FISHER zu schätzen, wobei das Vorliegen oder Fehlen einer KHK Außenkriterium ist. 1967 beschrieben WALKER und DUNCAN ein iteratives Verfahren zur Maximum-Likelihood-Schätzung der Koeffizienten. Die Maximum-Likelihood-Methode setzt bezüglich der Prädiktionsvariablen, z.B. Blutdruck, Rauchen, Cholesterin etc., keine Bedingungen über deren Verteilung voraus und eignet sich sowohl für klassifizierte als auch für unklassifizierte Daten (SCHERG).

## 4. ANWENDUNG DES LOGISTISCHEN MODELLS AUF DIE DATEN DER FRAMINGHAM-STUDIE

Die Anwendung des logistischen Modells auf die Daten der Framingham-Studie ergab für verschiedene Gruppierungen nach Alter und Geschlecht, insbesondere für die Variablen Cholesterin und Rauchen, zu Beginn der Beobachtung gute Übereinstimmung zwischen erwarteten und beobachteten

KHK-Fällen. Zur Testung des Modells schlugen TRUETT und CORNFIELD vor, für jede Untersuchungsperson mittels der multivariaten logistischen Funktion das KHK-Risiko, also P, zu berechnen. In der Verteilung der P-Werte sind für jedes Dezil die tatsächliche und die modellmäßig erwartete Anzahl von KHK-Fällen bestimmt.

In Abb. 2 sieht man als Beispiel die Ergebnisse einer solchen Gegenüberstellung bei 742 Männern der Framingham-Studie im Alter von 40 - 49 Jahren nach 12 Jahren Beobachtung. Man erkennt eine sehr gute Übereinstimmung zwischen den beobachteten und modellmäßig erwarteten Anzahlen.

EXPECTED AND OBSERVED NUMBER OF CASES OF CHD AND OBSERVED INCIDENCE IN 12 YR FOLLOW-UP AT FRAMINGHAM IN MEN, AGE AT FIRST EXAMINATION 40-49 AND DECILE OF RISK

| 742 aged 40-49 | | Observed 12-yr incidence (no. of cases per 100) |
|---|---|---|
| Number of cases | | |
| Expected | Observed | |
| 26.1 | 26 | 35.0 |
| 15.4 | 15 | 20.2 |
| 11.4 | 6 | 8.1 |
| 8.9 | 11 | 14.8 |
| 7.1 | 9 | 12.1 |
| 5.9 | 4 | 5.4 |
| 4.8 | 9 | 12.1 |
| 3.9 | 3 | 4.0 |
| 3.0 | 4 | 5.4 |
| 1.9 | 1 | 1.3 |
| 88.4 | 88 | 11.9 |

Abb. 2 Aus: Truett, J., Cornfield, J., Kannel, W.: A multivariate analysis of the risk of coronary heart disease in Framingham. J. Chronic Dis., 20, (1967) 511-524

## 5. KONSISTENZ DER ERGEBNISSE UND BESTÄTIGUNG DER PRÄDIKTION AN NEUEM MATERIAL.

Die Resultate einer Studie sind aber nicht ohne weiteres auf andere Kollektive übertragbar. Es bestand einmal die Frage, ob die für die Framingham-Studie gefundenen Ergebnisse konsistent sind, ob sich also bei Auswertung der Daten anderer Studien Modelle gleichen Typs anwenden lassen, ob sich auch in anderen Datenmaterialien für die wichtigsten Variablen Blutdruck, Cholesterin, Rauchen (unter Berücksichtigung des Alters) ebenfalls bei Anwendung des logistischen Modells Beziehungen zur KHK sichern lassen. Darüberhinaus wurde gefragt, ob eine echte Vorhersagefähigkeit der KHK aufgrund von Prädiktionsvariablen existiert. Zur Beantwortung dieser Frage wurde gefordert, daß man mit Hilfe der an einem Datenmaterial A gefundenen Koeffizienten des multivariaten logistischen Modells die KHK in einem unabhängigen Kollektiv B befriedigend vorhersagen kann und umgekehrt (natürlich evtl. nach Anwendung von Korrekturfaktoren für unterschiedliche Beobachtungszeiten etc.).

Diesen Fragen wurde in den folgenden Jahren anhand einer Vielzahl von zum Teil großen Studien in aller Welt mit insgesamt über 30.000 Untersuchungspersonen nachgegangen.
KEYS, ARAVANIS, BLACKBURN et al. berichteten 1971 über die Ergebnisse einer Nachprüfung der genannten Fragen an großen Kollektiven 40-49-jähriger Männer, die zu Beginn der Beobachtung frei von Zeichen einer KHK waren, und zwar an einer Gruppe von 2404 Eisenbahnarbeitern, 8728 europäischen Männern und an 6221 Fällen eines Datenpools aus 4 Studien. Bei den US-Eisenbahnarbeitern und den europäischen Männern handelte es sich um Untersuchungspersonen der sog. 7-Länder-Studie, wobei in die hier zu beschreibende Auswertung das japanische Kollektiv nicht einbezogen wurde. Der Datenpool ist ein Projekt der amerikanischen Heart-Association unter der Leitung von Fred EPSTEIN und Felix MOORE und besteht aus Daten der Studie aus Framingham, Albany und von zwei Chicagoer Studien. Zunächst wurden für die Kollektive der US Eisenbahnarbeiter und für die europäischen Männer multivariate logistische Prädiktionsformeln mit den Variablen Alter, systolischer Blutdruck, Cholesterin, Rauchen und rel. Körpergewicht ermittelt.
Abb. 3 zeigt als Beispiel die gute Übereinstimmung zwischen vorhergesagten und beobachteten KHK-Fällen in Dezilen bei den US Eisenbahnarbeitern und Abb. 4 bei den europäischen Männern.

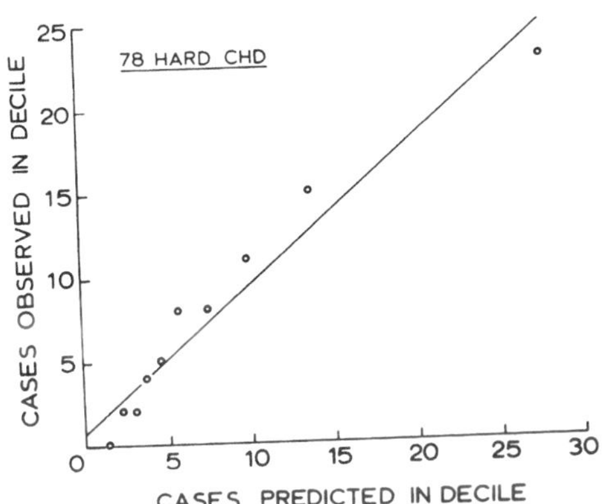


Abb. 3 Korrelation zwischen beobachteten und modellmäßig erwarteten KHK-Fällen in einem Kollektiv von U.S. Eisenbahnarbeitern. Jeder Punkt entspricht einem Dezil in der Verteilung der mit Hilfe der multivariaten logistischen Funktion berechneten P-Werte. "HARD CHD" bedeutet: Klinisch oder durch Obduktion gesicherte Infarkte.

Aus: Keys, A., Aravanis, C., Blackburn, H. et al.: Probability of middle-aged men developing coronary heart disease in five years. Circulation 45, 815-828 (1972)

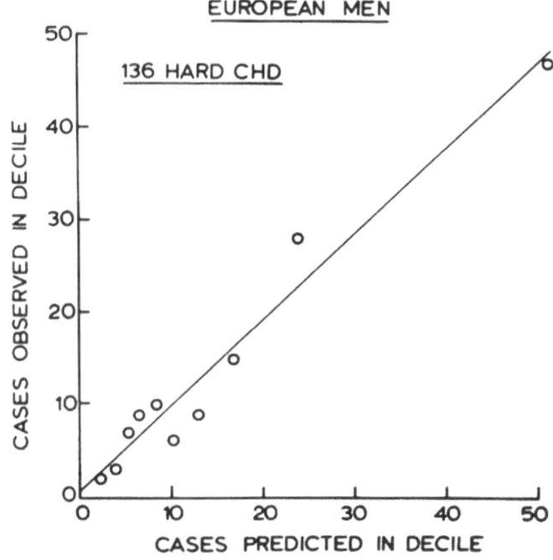


Abb. 4 Korrelation zwischen beobachteten und modellmäßig erwarteten KHK-Fällen in einem Kollektiv europäischer Männer. Siehe auch Legende zu Abb. 4.
Aus: wie Abb. 3

Dann wurde die logistische Prädiktionsformel, die am Kollektiv der US-Eisenbahner entwickelt worden war, an den Daten der europäischen Männer, der Chicago-Studie von PAUL und an den Daten des Pools erprobt. Die logistische Prädiktionsformel, die mittels der Daten europäischer Männer errechnet worden war, wurde auf die Daten der US-Eisenbahner und des Pools angewandt. Dabei ergaben sich stets gesicherte Korrelationen zwischen beobachteten und modellmäßig erwarteten Fällen, wenn auch die KHK-Anzahlen zum Teil systematisch über- bzw. unterschätzt wurden.
Abb. 5 zeigt als Beispiel die Korrelation, wenn die KHK bei europäischen Männern anhand der bei US-Eisenbahnern entwickelten Formel vorhergesagt wird. Hinsichtlich der systematischen Über- bzw. Unterschätzung wurden Unterschiede in der Diagnostik sowie in der Nachuntersuchungsfrequenz bei den verschiedenen Studien diskutiert.

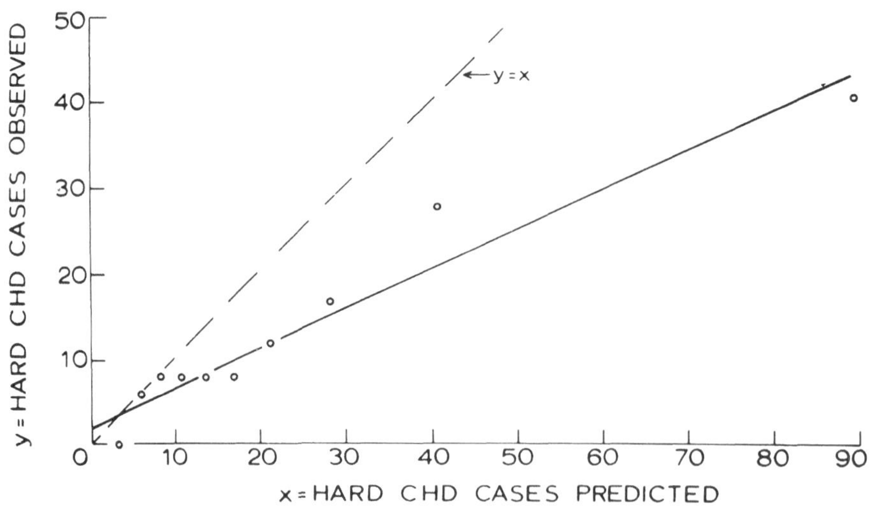


Abb. 5 Korrelation zwischen beobachteten und modellmäßig erwarteten KHK-Fällen in einem Kollektiv europäischer Männer, wobei die erwarteten Werte mit Hilfe einer bei US-Eisenbahnarbeitern entwickelten multivariaten logistischen Funktion errechnet wurden. Jeder Punkt entspricht einem Dezil. Es besteht eine gute Korrelation bei einer systematischen Unterschätzung.
Aus: wie Abb. 3 u. Abb. 4

Festzuhalten bleibt jedoch das erstaunliche Ergebnis einer guten Korrelation zwischen beobachteten und erwarteten Fällen, wenn man die an einem Kollektiv A entwickelte Prädiktionsformel auf die Daten eines unabhängigen Kollektivs B anwendet.
Ebenfalls 1971 teilen KLEINBAUM, LAWRENCE et al. mit, daß sie die an einem Kollektiv von Weißen in Evans County,Georgia berechnete multivariate logistische Funktion zur Vorhersage der KHK in der schwarzen Bevölkerung verwenden können.
1973 publizierten WILHELMSEN, WEDEL und TIBBLIN Ergebnisse über Berechnung der Koeffizienten der multivariaten logistischen Funktion an den Daten von 855 zufällig ausgewählten Männern im Alter von 50 Jahren in Göteborg, die 9 Jahre im Hinblick auf eine KHK beobachtet worden waren. Als Prädiktionsvariable wurden sowohl Cholesterin, Rauchen und systolischer Blutdruck allein als auch noch 6 zusätzliche Faktoren, wie Dyspnoe, Alkoholanamnese, körperliche Aktivität etc. herangezogen. Die Vorhersagefähigkeit der Formel wurde an einer Zufallsstichprobe von 5146 schwedischen Männern im Alter von 51-55 Jahren, die 2 Jahre nachbeobachtet waren, getestet. Es ergab sich eine vorzügliche Übereinstimmung zwischen beobachteten und modellmäßig erwarteten KHK-Anzahlen, wenn man die unterschiedlich lange Beobachtungszeit in beiden Kollektiven rechnerisch ausglich.
1976 erschien eine Veröffentlichung von BRAND, ROSENMANN, SHOLTZ und MEYER-FRIEDMAN über die Anwendung des multiplen logistischen Modells auf die Daten der Western Collaborative Group Study. In dieser Studie wurden 3154 anfangs gesunde Männer in Kalifornien 8 1/2 Jahre im Hinblick auf das Auftreten einer KHK beobachtet. Das logistische Modell berücksichtigte Alter, Cholesterin, systolischen Blutdruck, Hämatokrit, EKG-Veränderungen, Rauchen und relatives Körpergewicht. Die vorhergesagten individuellen Risikowerte anhand der logistischen Formel, deren Koeffizienten am selben Datenmaterial geschätzt worden waren, korrelierten hoch mit den entsprechenden Werten einer Prädiktionsformel, die am Framingham-Datenmaterial entwickelt und auf das WCGS-Kollektiv angewandt worden war (S. Abb. 6, welche die Korrelation bei den 50-59-jährigen wiedergibt).
Die beobachteten KHK-Anzahlen in der WCG-Studie sind nicht signifikant unterschiedlich von den erwarteten Anzahlen,berechnet mit der logistischen Funktion aufgrund der Framingham-Daten.

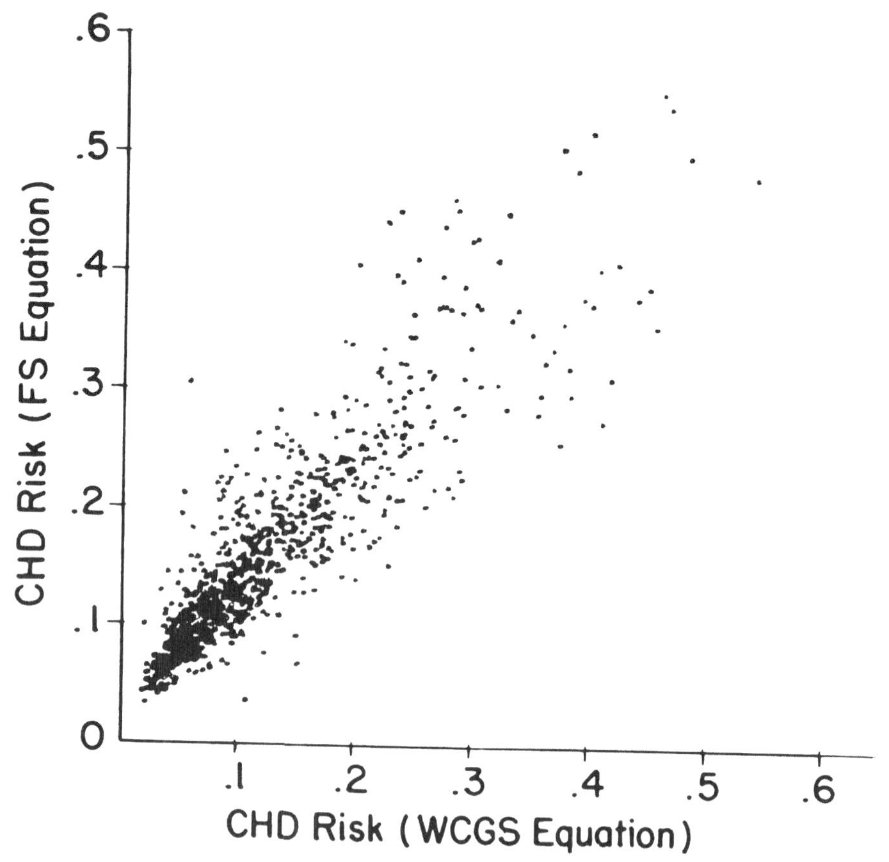


Abb. 6 Am Datenmaterial der Western Collaborative Group Study wurden für jede Person sowohl mit Hilfe einer am selben Material als auch mit Hilfe einer am Framingham-Studien-Datenmaterial entwickelten Prädiktionsformel KHK-Risiken berechnet und korreliert. Die Abbildung zeigt als Beispiel die Korrelation bei den 50-59-jährigen Männern.
Aus: Brand, R.J., Roseman, R.H., Sholtz, R.I. and Meyer Friedman:
Multivariate prediction of coronary heart disease in the Western Collaborative Group Study compared to the findings of the Framingham Study.
Circulation 53, 348-355 (1976)

Diese Ergebnisse sind beeindruckend. Nach EPSTEIN gibt es keine andere chronische Krankheit, die mit so großer Genauigkeit im Sinne einer Risikoabschätzung vorhergesagt werden kann, wie die KHK. Bei keiner anderen Krankheit kann man die Gefährdeten von den weniger Gefährdeten besser abgrenzen. Bereits mit den Größen Alter, Cholesterin, systolischer Blutdruck und Rauchen kann man sehr gute Vorhersagen machen, und es gibt für die praktische Anwendung Nomogramme bzw. Tabellen.

1976 wird vom Framingham-Team die in der letzten Abbildung (7) dargestellte Prädiktionsformel für die Vorhersage sowohl der KHK als auch von Apoplexien in 8 Jahren vorgeschlagen. Man sieht, daß auch Wechselwirkungen, z.B. Cholesterin • Alter, berücksichtigt werden.

| Variable | Coefficient | |
|---|---|---|
| | Men | Women |
| Age (years) | 0.3743307 | 0.2665693 |
| Age X age | -0.0021165 | -0.0012655 |
| Serum cholesterol (mg/ml) | 0.0258102 | 0.0160593 |
| Systolic blood pressure (mm Hg) | 0.0156953 | 0.0144265 |
| Cigarette smoking * | 0.5583013 | 0.0395348 |
| LVH by ECG * | 1.0529656 | 0.8745090 |
| Glucose intolerance * | 0.6020336 | 0.6821258 |
| Cholesterol X age | -0.0003919 | -0.0002157 |
| Intercept | -19.7709560 | -16.4598427 |

* Yes = 1, no = 0 (for definitions see Shurtleff et al.[2])
To obtain the probability that cardiovascular disease will occur in 8 years to a man or woman initially free of cardiovascular disease multiply the value of the characteristic in the units specified by the coefficient for the variable, sum these products and add the intercept. This provides the coefficient (C) to calculate the probability,
$P = 1/(1 + e^{-c})$.
ECG = electrocardiogram: LVH = left ventricular hypertrophy.

Abb. 7 Koeffizienten der vom Framingham-Team 1976 vorgeschlagenen multivariaten logistischen Funktion zur Prädiktion sowohl der KHK als auch von Apoplexien. Es werden auch Wechselwirkungen (Cholsterin • Alter) berücksichtigt.

Aus: Kannel, W.B., McGee, F.D., Gordon, T.St.: A general cardiovascular risk profile: The Framingham Study. Am.J.Cardiol. 38, 46-51 (1976)

Weitere Verbesserungen der Vorhersage sind zu erwarten, wenn man nicht nur die Ausgangswerte der Prädiktionsvariablen zu Beginn der Beobachtung, sondern auch ihre zeitlichen Veränderungen während der Beobachtung zusätzlich für die Prädiktion heranzieht. Darüber schrieben kürzlich PING-HWA HSU, MATHEWSON, ABU-ZEID und RABKIN im Journal of Chronic Disease.

## 6. ANWENDUNG DES MULTIVARIATEN LOGISTISCHEN MODELLS AUF ANDEREN GEBIETEN

Die Anwendung des multivariaten logistischen Modells ist auch auf anderen medizinischen bzw. epidemiologischen Gebieten erfolgversprechend. NEISS und SIEGERSTETTER und vor ihnen NICOLAIDES und IRVING haben das Modell für die Prognostik postoperativer Thromboembolien herangezogen.

Bei Anwendung des multivariaten logistischen Modells auf Daten der DFG-Studie Chronische Bronchitis zur Prädiktion einer Bronchitis in 5 Jahren sind ebenfalls erfolgversprechende Ergebnisse erzielt worden (LANGE, ZWINGERS, HÖBEL und ULM; bisher unveröffentlicht). Die Reihe der Beispiele ließe sich noch fortsetzen.

## 7. ERKENNTNISTHEORETISCHE ASPEKTE DER VORHERSAGBARKEIT

Die Vorhersagbarkeit von Ereignissen, wie sie mittels der multiplen logistischen Funktion auf epidemiologischem und medizinischem Gebiet möglich ist, hat nicht nur praktische Bedeutung, nämlich Abgrenzung der Gefährdeten und Durchführung gezielter, mittels der Prädiktionsformel sogar in ihren Auswirkungen vorausberechenbarer Präventionsmaßnahmen, sondern sie hat auch erhebliche erkenntnismäßige Bedeutung im Hinblick auf die Klärung der Frage ätiologischer Beziehungen zwischen Faktoren und Krankheit. Max PLANCK soll einmal gesagt haben: Kausalität ist Vorhersagbarkeit. Nach dem sog. funktionellen Erkenntnisbegriff des Philosophen Hans REICHENBACH hat unsere Erkenntnis nur eine praktische Funktion, nämlich zukünftige Ereignisse mit Wahrscheinlichkeit vorherzusagen.

Assoziationen zwischen Faktoren und Krankheit, die bei Querschnittsuntersuchungen oder bei retrospektiven Ansätzen gefunden werden, aber auch bei prospektiven Ansätzen an nur einem Material, liefern lediglich Hinweise, daß man evtl. zu echten Vorhersagen gelangen kann.

Die echte Vorhersagbarkeit ist erst dann gegeben, wenn eine Vorhersageformel, die an einem Datenmaterial A gewonnen wurde, an einem unabhängigen neuen Datenmaterial B und auch für andere Kollektive befriedigende Prädiktionen liefert.
Bei Risikodeterminatoren muß man jedoch, wie erwähnt, zwischen ätiologischen Faktoren und Indikatoren unterscheiden. Herr KOLLER führt gern als Beispiel für einen Indikator die gelben Finger des Kettenrauchers an, für die man vermutlich statistische Assoziationen zur KHK und zum Bronchialkarzinom nachweisen könnte.
Indikatoren kann man von ätiologischen Faktoren durch Interventionsstudien unterscheiden. Bei Eindämmung des in Frage stehenden Faktors in einem Kollektiv muß eine Senkung des Krankheitsrisikos nachweisbar werden. Dies wäre z.B. nicht der Fall, wenn man bezüglich der gelben Finger zur KHK- bzw. Bronchial-Ca-Prophylaxe beim Rauchen Handschuhe trüge.

Auf dem Gebiet der KHK wurden und werden in großer Zahl uni- und multifaktorielle Interventionsstudien durchgeführt, die gezeigt haben, daß man durch Reduktion der Faktoren Rauchen, Blutdruck und Cholesterin eine Senkung der KHK-Inzidenz erzielen kann, wodurch wichtige ätiologische Erkenntnisse und eine Grundlage für das praktische Handeln gewonnen wurden, wenn auch die Klärung des Kausalnetzes noch nicht in allen Punkten mit der vom theoretischen Standpunkt zu fordernden Schärfe erfolgt ist.
In einem Editorial des New England Journal of Medicine vom 21. Juli 1977 stellt Weldon J. WALKER fest, daß in der Zeit von 1963 - 1975 erstmals in der amerikanischen Geschichte ein deutlicher Rückgang sowohl der zerebrovaskulären als auch der KHK-Mortalität in allen Altersklassen zu verzeichnen sei. In dieser Zeit habe sich eine dramatische Änderung in den individuellen Lebensgewohnheiten der amerikanischen Bevölkerung abgespielt. Es sei eine deutliche Abnahme des Pro-Kopf-Verbrauchs an Tabakwaren, Butter, Eiern, tierischem Fleisch und Fetten zu verzeichnen bei gleichzeitiger Steigerung des Verbrauchs an pflanzlichen Ölen.
Die methodische Entwicklung auf dem Gebiet der KHK-Epidemiologie im letzten Jahrzehnt hat erneut gezeigt, daß die medizinischen Statistiker, von manchen Schreibtischepidemiologen genannt, nicht nur das bestätigen und absichern, sondern, daß sie mit ihren Methoden die Gewinnung der wesentlichen Erkenntnisse überhaupt erst ermöglichen.

## 8. ZUSAMMENFASSUNG

Das Zusammenwirken von Statistik und Epidemiologie wird am Beispiel der methodischen Entwicklung des letzten Jahrzehnts auf dem Gebiet der Epidemiologie koronarer Herzkrankheiten (KHK) dargestellt.
Bei der Auswertung von Längsschnittstudien hat sich im Hinblick auf die multifaktorielle Genese der KHK zur Untersuchung von Risikodeterminatoren (ätiologische Faktoren und Risikoindikatoren) das multivariate logistische Modell nach CORNFIELD sehr bewährt, wobei die Modellparameter nach WALKER und DUNCAN mittels eines Maximum-Likelihood-Ansatzes geschätzt werden. Die Konsistenz der bei der Framingham-Studie gefundenen Ergebnisse des multivariaten logistischen Modells sowie die Übertragbarkeit der Modellparameter von einer Studie auf die Daten anderer Studien wurden in großem Umfang international an insgesamt ca. 30.000 Untersuchungspersonen geprüft.
Die KHK ist heute die chronische Krankheit, bei der man das Risiko, in einem bestimmten Zeitraum zu erkranken, aufgrund von Risikodeterminatoren am besten abschätzen kann. Dadurch können gefährdete Personen einer gezielten Prävention zugeführt werden. Die Vorhersagbarkeit der KHK hat auch große erkenntnismäßige Bedeutung im Hinblick auf die Annahme ätiologischer Beziehungen.

Vorhersagbarkeit aufgrund bestimmter Faktoren ist eine notwendige, wenn auch nicht hinreichende Bedingung für die Annahme ätiologischer Beziehungen. Vorhersagbarkeit besteht auch bei Risikoindikatoren. Diese werden von ätiologischen Faktoren durch Interventionsstudien unterschieden.
Nach einer großen Zahl uni- und multifaktorieller Interventionsstudien im letzten Jahrzehnt können heute einige der Risikodeterminatoren als ätiologische Faktoren aufgefaßt werden, z.B. Blutdruck, Cholesterin, Rauchen. Ohne die Anwendung statistischer Methoden und Modelle wäre es nicht möglich gewesen, die Informationen großer Längsschnittstudien zu nutzen und in epidemiologische Erkenntnisse umzuwandeln.

## LITERATURVERZEICHNIS


1.) BLACKBURN, H.:
Multifactor preventive trials (MPT) in coronary heart disease
In: GORDON, T.St. (ed.): Trends in Epidemiology
Thomas, Springfield, USA, 1972

2.) BRAND, R.J., ROSEMAN, R.H., SHOLTZ, R.I. and MEYER FRIEDMAN:
Multivariate prediction of coronary heart disease in the Western Collaborative Group Study compared to the findings of the Framingham Study
Circulation 53, 348-355 (1976)

3.) CORNFIELD, J.:
Joint dependence of risk of coronary heart disease on serum cholesterol and systolic blood pressure
Fedn.Proc. 21, Suppl. No. 11, 58-61 (1962)

4.) EPSTEIN, F.H.:
Coronary heart disease epidemiology
In: GORDON, T.St. (ed.): Trends in Epidemiology
Thomas, Springfield, USA, 1972

5.) GORDON, T.St., KANNEL, W.B.:
The prospective study of cardiovascular disease
In: GORDON, T.St.(ed.): Trends in Epidemiology
Thomas, Springfield, USA, 1972

6.) KANNEL, W.B., McGEE, F.D., GORDON, T.St.:
A general cardiovascular risk profile:
The Framingham Study
Am.J.Cardiol. 38, 46-51 (1976)

7.) KANNEL, W.B., WIDMER, L.K., DAWBER, T.R.:
Koronare Herzkrankheit und systolischer Blutdruck, 10 Jahre Framingham-Studie
Schweiz.med.Wschr. 95, 595 (1965)

8.) KEYS, A., ARAVANIS, C., BLACKBURN, H. et al.:
Probability of middle-aged men developing coronary heart disease in five years
Circulation 45, 815-828 (1972)

9.) KLEINBAUM, D.G., LAWRENCE, L. et al.:
Multivariate analysis of risk of coronary heart disease in Evans County, Georgia
Arch.Intern Med. 128, 943-948 (1971)

10.) KOLLER, S.:
Einführung in die Methoden der ätiologischen Forschung
Meth.Inf.Med. 1, 1-13 (1963)

11.) LANGE, H.-J.:
Epidemiologische Ansätze zur Erfoschung koronarer Herzerkrankungen
Öffentliche Vorlesung vor der Med. Fakultät der Universität Mainz am 19.12.1966 (nicht veröffentlicht)

12.) LANGE, H.-J.:
Multivariate Ansätze in der Medizinischen Prognostik
In: PABST, H.W., MAURER, G. (Hrsg.): Postoperative Thromboembolie-Prophylaxe
Schattauer, Stuttgart, 1977

13.) NICOLAIDES, A.N., IRVING, D.:
Clinical factors and the risk of deep venous thrombosis
In: NICOLAIDES, A.N. (ed.): Thromboembolism, Medical and Technical Publishing Ltd. St. Leonards House, Lancaster, U.K., 1975

14.) PING-HWA HSU, MATHEWSON, F.A.L., ABU-ZEID, H.A.H., RABKIN, S.W.:
Change in risk factor and the development of chronic disease. A methodological illustration
J.chron.Dis. 30, 567-584 (1977)

15.) REICHENBACH, H.:
Gesammelte Werke, Bd. I: Der Aufstieg der wissenschaftlichen Philosophie
Vieweg, Braunschweig, 1968

16.) SCHERG, H.:
Quantal Response Regression: Ein Verfahren zur statistischen Analyse einer multifaktoriellen Genese
Meth.Inf.Med. 15, 47-51 (1976)

17.) SIEGERSTETTER, J., NEISS, A.:
Estimation the risk of postoperative thrombosis - the statistican's contribution
In: PABST, H.W., MAURER, G. (Hrsg.): Postoperative Thromboembolie-Prophylaxe
Schattauer, Stuttgart, 1977

18.) TRUETT, J., CORNFIELD, J., KANNEL, W.:
A multivariate analysis of the risk of coronary heart disease in Framingham
J.chron.Dis. 20, 511-524 (1967)

19.) WALKER, S.H., DUNCAN, D.B.:
Estimation of the probability of an event as a function of several independent variables
Biometrika 54, 167-179 (1967)

20.) WALKER, W.J.:
Changing United States life-style and declining vascular mortality: Cause or coincidence ?
N.Eng.J.Med. 297, 163-165 (1977)

21.) WILHELMSEN, L., WEDEL, H., TIBBLIN, G.:
Multivariate analysis of risk factors for coronary heart disease
Circulation 48, 950-958 (1973)

# MÖGLICHKEITEN UND GRENZEN FÜR DIE ANWENDUNG MATHEMATISCHER MODELLE IN DER EPIDEMIOLOGIE VON INFEKTIONSKRANKHEITEN

Jürgen Berger, Mannheim

Eine Aufgabe der angewandten Statistik besteht darin, aus unter vergleichbaren Bedingungen erhobenen Daten, den sogenannten statistischen Massen, Gesetzmäßigkeiten abzuleiten. Diese gewonnenen Gesetze entsprechen in gewisser Weise den aus der Physik bekannten und bewährten Modellen, wie beispielsweise dem des "Freien Falls" oder der "Schiefen Ebene", mit der Einschränkung, daß zwar die physikalischen Gesetze auch nur unter Idealbedingungen gelten - in den genannten Beispielen ohne Berücksichtigung des Luft- oder Reibungswiderstandes -, daß aber in der Biologie die nicht kontrollierbaren, zufälligen Einflüsse wesentlich zahlreicher sind und so mit einer größeren Variabilität der Beobachtungen bzw. der Vorhersagen gerechnet werden muß. So gleicht, verursacht durch die wechselnden epidemiologischen Bedingungen, auch bei derselben Infektionskrankheit, ein Epidemieablauf selten dem nächsten und doch haben sich, wie jeder weiß, gewisse Regelmäßigkeiten, Gesetzmäßigkeiten für jede Infektion erkennen lassen.

Die Anwendung mathematischer Verfahren in der Epidemiologie ist daher auch kein Kind des Zeitalters der Elektronenrechner, sondern dieses Modelldenken läßt sich bis in das Jahr 1765 zurückverfolgen, in dem der Mathematiker Daniel BERNOULLI den Nutzen einer Massenimpfung gegen Pocken abzuschätzen versuchte. Sir Ronald ROSS ist nicht nur der Entdecker der Plasmodien, sondern er benutzte auch mathematische Modelle, um den Wert von Bekämpfungsmaßnahmen gegen die Malaria zahlenmäßig zu erfassen. Die zur Verfügung stehende Zeit erlaubt es mir nicht, Ihnen einen vollständigen Überblick über die Fülle der Anwendungen dieser Modelle in der Epidemiologie zu geben, doch hoffe ich, Ihnen anhand der von mir subjektiv ausgewählten Beispiele den Nutzen dieser Arbeitsrichtung herausstellen zu können.

Der *erste Typ* von Modellen dient dazu, anhand theoretischer Vorstellungen und vorliegender Beobachtungen Entscheidungen über die zugrunde liegenden Gesetzmäßigkeiten zu fällen oder gewisse Kenngrößen zu schätzen.

*Beispiel 1:*

In einer Feldstudie in Liberia wurden u.a. Daten über die Anzahl der gefundenen Mikrofilarien von Onchocerca volvulus in einem Hautstück bestimmter Größe und der gleichen Lokalisation bei 194 Eingeborenen im Alter von 15 bis 30 Jahren erhoben. - Die Daten wurden mir freundlicherweise von Herrn Dr. Frenzel-Beyme, jetzt DKFZ Heidelberg, zur Verfügung gestellt.
Gefragt wird, ob jedes Hautstück (Flächeneinheit) die gleiche Chance hat, Mikrofilarien zu enthalten, oder ob die Chance, weitere Mikrofilarien in einem Hautstück zu finden, größer ist, wenn man eine Larve gefunden hat.
Durch zwei diskrete Wahrscheinlichkeitsfunktionen lassen sich beide Modellannahmen prüfen.
Gilt *Fall 1*, so müßte die Häufigkeitsverteilung der Mikrofilarien pro Hautstück einer *POISSON-Verteilung* folgen; die Unabhängigkeit der Beobachtung und gleiche Erfolgswahrscheinlichkeit werden vorausgesetzt. Jedes Hautstück müßte dann das Mittel der Grundgesamtheit ( $\lambda$ ) als erwartete Häufigkeit haben.

$$P(X=x) = e^{-\lambda} \frac{\lambda^x}{x!}$$

Der *Fall 2* kann durch eine zusammengesetzte POISSON-Verteilung, die NEYMAN-Verteilung, beschrieben werden, eine sogenannte ansteckende Verteilung.
In diesem Modell sind Unabhängigkeit der Beobachtung Voraussetzung, aber unterschiedliche Erfolgswahrscheinlichkeiten sind zulässig.

$$P(X=k+1) = \frac{m_1 m_2 e^{-m_2}}{k+1} \sum_{t=0}^{k} \frac{m_2^{\,t}}{t!} P(X=k-t)$$

mit

$$P(X=0) = e^{-m_1 (1-e^{-m_2})}$$

X ist die Zahl der Erfolge (Zahl der Mikrofilarien) 0,1,2,..
$m_1$ und $m_2$ sind Parameter der Verteilung

mit $\hat{m}_2 = \frac{s^2-\bar{x}}{\bar{x}}$ und $\hat{m}_1 = \frac{\bar{x}}{m_2}$

Die POISSON-Verteilung wird durch den Parameter $\lambda$ , die NEYMAN-Verteilung durch die Parameter $m_1$ und $m_2$ beschrieben. Die Parameter dieser Verteilungen lassen sich aus den Beobachtungswerten schätzen und somit unter den Modellannahmen die erwarteten Häufigkeiten berechnen.

| Zahl der M.f. | Absolute Häufigkeiten beobachtet | erwartet nach .... Verteilung Neyman | Poisson |
|---|---|---|---|
| 0 | 73 | 70.4 | 4.3 |
| 1 - 5 | 67 | 67.8 | 153.5 |
| 6 - 10 | 36 | 40.4 | 35.8 |
| 11 | 18 | 15.4 | 0.4 |
| Zusammen | 194 | 194 | 194 |

Abb. 1 Gegenüberstellung beobachteter Häufigkeiten von Mikrofilarien (M.f.) und modellmäßig erwarteten Häufigkeiten

Eine Gegenüberstellung der beobachteten mit den erwarteten Werten - Abb. 1 - zeigt, daß die Verteilung durch den NEYMAN-Typ gut, durch die POISSON-Verteilung nicht approximiert wird. Somit läßt sich aussagen, daß die Verteilung der Mikrofilarien in der Haut nicht durch ein Modell mit konstanter Erfolgswahrscheinlichkeit erklärbar ist bzw. die Personen eine unterschiedliche Filariendichte aufweisen.
Dies entspricht auch den biologischen Gegebenheiten, denn die adulten Filarien entlassen Mikrofilarien, die in der Haut wandern und es ist anzunehmen, wenn eine Mikrofilarie gefunden wird, daß dann in ihrer Nähe mit einer höheren Wahrscheinlichkeit weitere Mikrofilarien anzutreffen sind.

*Beispiel 2:*

Im Rahmen der von der DFG geförderten Studie "Schwangerschaftsverlauf und Kindesentwicklung" wurden u.a. auch die Mütter serologischen Untersuchungen auf das Vorliegen von Antikörpern gegen bestimmte Infektionen (Röteln, Zytomegalie, Mumps und Toxoplasma gondii) unterzogen.

Dabei ergab sich, daß in dem nach Altersklassen gegliederten Kollektiv der Frauen, die angaben, regelmäßig oder gelegentlich rohes Fleisch zu verzehren, stets ein höherer Anteil im SFT Antikörper gegen T.gondii aufwies als im entsprechenden Vergleichskollektiv. Dabei erhoben sich folgende Fragen:

a) Läßt sich aus der Prävalenz ein Maß für die Inzidenz ableiten und

b) um wieviel ist das Risiko, sich mit T. gondii zu infizieren, im Kollektiv der Personen mit Fleischverzehr größer als im Vergleichskollektiv.

Auch hier kann man durch recht einfache Modellannahmen, wie sie MUENCH (1959) als catalytische Modelle in die Epidemiologie eingeführt hat, praktisch brauchbare Aussagen erhalten - Abb. 2 - .

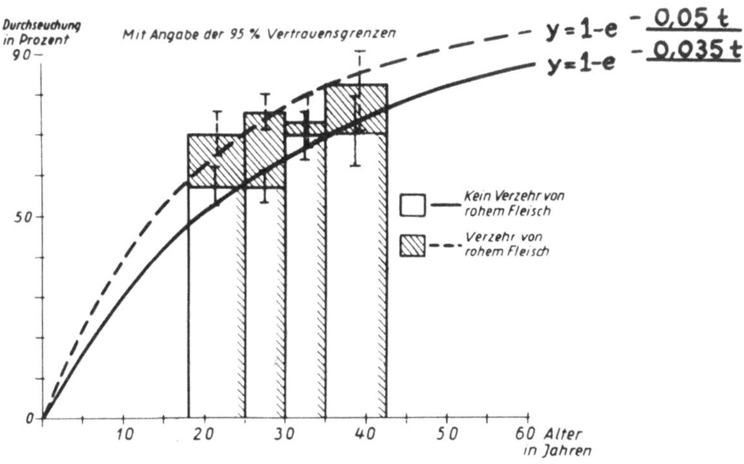


Abb. 2 Durchseuchung mit Toxoplasma gondii in Abhängigkeit vom Alter bei Personen, die rohes Fleisch essen und die kein rohes Fleisch verzehren

So läßt sich durch Anpassung dieser catalytischen Kurven an die Beobachtungsdaten für beide Kollektive eine Infektionsziffer schätzen - a = 0.05 bzw. 0.035 -, deren Interpretation besagt, daß von 1000 Personen, die rohes Fleisch essen, sich durchschnittlich jährlich 49 mindestens einmal mit Toxoplasmen infizieren, während bei Personen ohne Verzehr von rohem Fleisch sich unter 1000 nur 35 infizieren. Somit ist das Risiko, sich mit Toxoplasmen zu infizieren, der "Fleischverzehrer" verglichen mit den "Nicht-Fleischverzehrern" um rund ein Drittel größer.

Bildet man unter Zugrundelegung der Proportionen - 38 % "Fleischverzehrer" und 60 % "Nicht-Fleischverzehrer" - eine gewogene mittlere Infektionsziffer $a = 0.05 \times 0.38 + 0.035 \times 0.62 = 0.0407$ und berechnet daraus die erwartete Konversionsrate innerhalb von sechs Monaten - durchschnittliche Zeitspanne für die Beobachtung der Schwangeren -, so hätte man unter 1951 Probandinnen 39 Neuinfektionen erwartet; tatsächlich wurden Konversionen von Negativ auf 1 : 1000 bei 38 Probandinnen registriert.

Die hohe Übereinstimmung zwischen Beobachtung und Vorhersage ist besonders bemerkenswert, weil die altersspezifische Prävalenzrate zur Schätzung der Inzidenz benutzt wurde und kein Zirkelschluß vorliegt.

Bei einem *Typ 2* von Modellen formuliert man anhand von theoretischen Überlegungen ein Modell, variiert die Parameter und ist mehr an *qualitativen* als an quantitativen Auswirkungen dieser Änderung der Modellparameter auf die Modellaussagen interessiert.

*Beispiel 3: Infektionsausbreitung in einer Population*

Man weiß, daß jeder Infektionskrankheit eine bestimmte Kontagiosität zukommt und daß nach der Infektion eines Individuums eine Latenzzeit vergeht, ehe es selber zum Ausscheider wird, wobei die infektiöse Periode auf eine gewisse Zeit begrenzt ist. Im einfachsten Fall, ohne Einschaltung von Vektoren, wird die Zahl der Neuinfektionen von der Anzahl der Infektiösen und der Empfänglichen abhängen.
Diese Gegebenheiten lassen sich durch folgenden mathematischen Ansatz beschreiben:

$$y'(t) = \lambda\,[F-y(t)] \cdot [y(t-L)-y(t-T)]$$

mit

$y(t)$ : Anteil der Infizierten zum Zeitpunkt $t$

$F$ : Anteil der Empfänglichen zur Zeit $t=0$ (Zeitpunkt der Infektioneinschleppung in die Population)

L : Mittlere Latenzzeit (Zeitspanne zwischen Infektion und Erregerausscheidung)

T : Mittlere Zeitspanne zwischen Infektion bis zur Beendigung der Erregerausscheidung)

somit ist

T - L : Mittlere infektiöse Periode

F - y(t): Anteil der Empfänglichen zur Zeit t

y(t-L) - y(t-T): Anteil der Infektiösen zur Zeit t

Mit dem Proportionalitätsfaktor $\lambda$ werden die Kontagiosität und epidemiologischen Besonderheiten beschrieben. Durch gezielte Variation dieser Kenngrößen läßt sich qualitativ die Auswirkung dieser Änderung auf die epidemiologische Kurve studieren - Abb. 3 und Abb. 4 -.

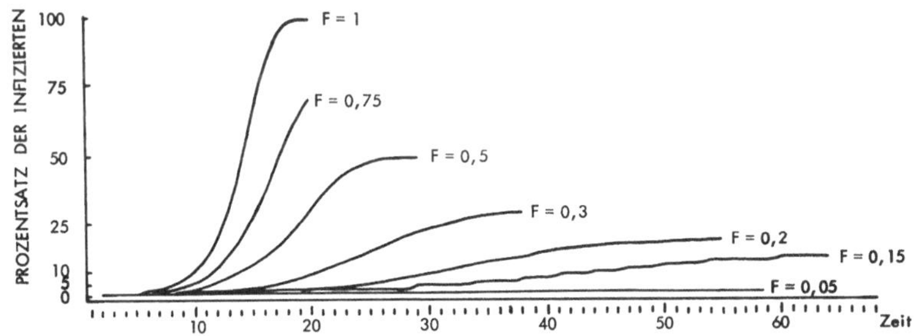


Abb. 3 Infektionsausbreitung in Abhängigkeit vom Anteil der Empfänglichen (F) in der Population (L = 2 T-L = 18 $\lambda$ = 1)

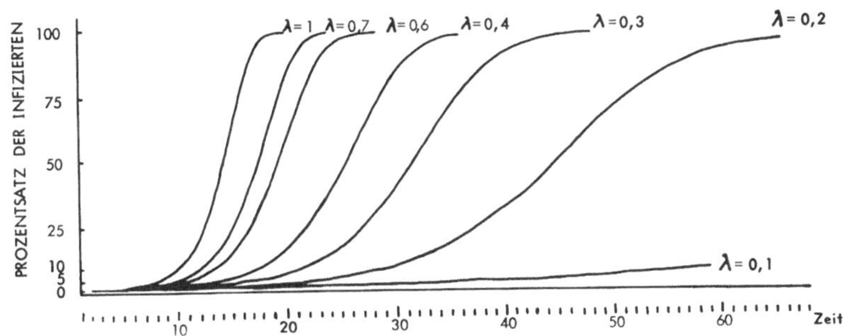


Abb. 4 Infektionsausbreitung in Abhängigkeit von der Kontagiosität (L = 2 T-L = 18 F = 1)

Interessant ist dabei die Formulierung eines *Schwellenwertes*, der besagt, daß, wenn bei Infektionseinschleppung der Anteil der Empfänglichen

$$F < \frac{1}{\lambda (T-L)}$$

ist, es zu keiner merklichen Epidemie kommen kann.
Mit der Berücksichtigung weiterer epidemiologischer Größen, wie latenten Infektionsausscheidern, individueller Werte für die Latenzzeit, die infektiöse Periode und die Empfänglichkeit, Nachbildung der Antikörperkinetik nach Infektion oder Vakzination und Berücksichtigung der unterschiedlichen Morbidität werden derartige Modelle bedeutend komplizierter, entziehen sich meist einer geschlossenen Lösung. Ergebnisse lassen sich aber auf Großrechenanlagen in Simulationsläufen erhalten. So kann man, wie Abb. 5 zeigt, das Kommen und Gehen von Epidemien alleine durch den Abbau bzw. Aufbau der Immunität in einer Population nach Ablauf einer Epidemie erklären.

| | Zahl der | |
|---|---|---|
| Woche | Neuinfizierten | Erkrankten |
| 2 | 3 | 1 |
| 4 | 5 | 2 |
| 6 | 12 | 3 |
| 8 | 19 | 7 |
| 10 | 14 | 9 |
| 12 | 9 | 5 |
| 14 | 7 | 6 |
| 16 | 4 | 2 |
| 18 | 2 | 3 |
| 20 | | 1 |
| 22 | 1 | |
| 24 | | 1 |
| 26 | | |
| 28 | 1 | |
| 30 | 7 | |
| 32 | 17 | 6 |
| 34 | 29 | 9 |
| 36 | 23 | 15 |
| 38 | 10 | 11 |
| 40 | 1 | 8 |
| 42 | 1 | 2 |
| 44 | | |
| 46 | | |
| 48 | | |
| 50 | | |
| 52 | | |
| 54 | | |
| 56 | | |
| 58 | | |
| 60 | | |
| 62 | | |
| 64 | | |
| 66 | | |
| 68 | | |
| 70 | | |
| 72 | | |
| 74 | | |
| 76 | 1 | |
| 78 | | 1 |
| 80 | | |
| 82 | | |
| 84 | 1 | |
| 86 | 7 | |
| 88 | 20 | 2 |
| 90 | 43 | 8 |
| 92 | 13 | 21 |

Abb. 5 Deutung "Epidemischer Wellen" durch den Auf- bzw. Abbau der Immunitätslage in der Population. Ergebnisse gewonnen anhand eines Simulationsmodells.

Als *dritter Typ* wären Modelle zu nennen, die nach genauer Analyse der Realität formuliert werden, um ein möglichst genaues Abbild der wahren Verhältnisse zu erhalten. Durch gezielte Änderung der Parameter versucht man dann, *quantitative* Antworten auf die Fragen zu erlangen, wie sich das System auf Änderungen verhält. Denn für die meisten ansteckenden Krankheiten stehen alternative Kontrollmethoden zur Verfügung, z.B. Vakzination, Chemotherapie und/oder Kontrolle der Überträger (Vektorpopulationen). Eine häufige Frage von Gesundheitsplanern bezieht sich auf die "optimale" Verteilung der Mittel auf die verschiedenen verfügbaren Kontrollmaßnahmen. Zu diesem Typ sind in der Medizin beispielhaft die von der WHO zur Bekämpfung der Malaria, Filariosis und Schistosomiasis entwickelten Modelle zu nennen (s. BAILEY 1975, DIETZ 1975, FELDSTEIN et al. 1973, ROSENFIELD et al. 1977).

Am Beispiel der Wildtollwut-Bekämpfung möchte ich Ihnen diesen Modelltyp erläutern.
Aus Beobachtungen weiß man, daß auf das Wild 80 % der Tollwutfälle entfallen und daß der Fuchs mit ca. 83 % der Hauptvirusträger und Seuchenverbreiter ist. Feldstudien haben gezeigt, daß erst bei einer Fuchsdichte von unter einem Fuchs pro Quadratkilometer die Seuche erlischt.
Eine theoretische und neue Möglichkeit in der Eindämmung der Seuche beinhaltet die perorale Vakzination der Füchse (BLACK 1970, 1973).

*Gefragt ist*, ob bei einer mittleren Fuchsdichte von drei bis vier Tieren pro Quadratkilometer in der BRD folglich 80 bis 90 % der Tiere vakziniert werden müssen, um die verbleibende empfängliche Populationsdichte unter den angeführten Schwellenwert zu senken, oder ob davon ausgegangen werden kann, daß in einer Mischpopulation aus empfänglichen und immunen Tieren und unter Berücksichtigung der Verhaltensweise des Fuchses (MOEGLE et al. 1974) ein Teil der Beißkontakte zwischen Infektiösen und nicht Infizierten auf Immune entfallen und somit "blind" enden und daher auch eine Impfung von weniger als 80 % einen sicheren Schutz gegen die Ausbreitung dieser Seuche darstellt.

Zur Klärung dieser Frage kann man sich ebenfalls eines Modelles bedienen (BERGER 1976). In diesem Modell wird die Population in einer x,y-Matrix angeordnet, wobei um die Gitterpunkte $n_{ij}$ Individuen lokalisiert sind. Ausgehend von den in Tollwutgebieten beobachteten Tatsachen, daß ein Fuchs in der Regel sein Revier nicht verläßt und der mittlere Abstand neuer Fälle von vorausgegangenen Tollwutfällen ca. fünf Kilometer beträgt und dabei die maximalen Entfernungen nicht über 20 km liegen, läßt sich der Ausbreitungsmodus durch einen Ansatz simulieren, indem man Annahmen über die Begegnungshäufigkeit benachbarter Tiere, d.h.: Zahl der Beißkontakte, über Latenzzeit und infektiöse Periode trifft und den Immunstatus durch einen entsprechenden Parameter beschreibt.

Die Ergebnisse dieser Simulationsläufe stimmen mit denen in der Realität beobachteten Tatsachen insofern überein, als

1. ca. 80 % der neuen Tollwutfälle hinter der Frontlinie auftreten und
2. die Frontlinie kontinuierlich und nicht sprünghaft voranschreitet (Abb. 6).

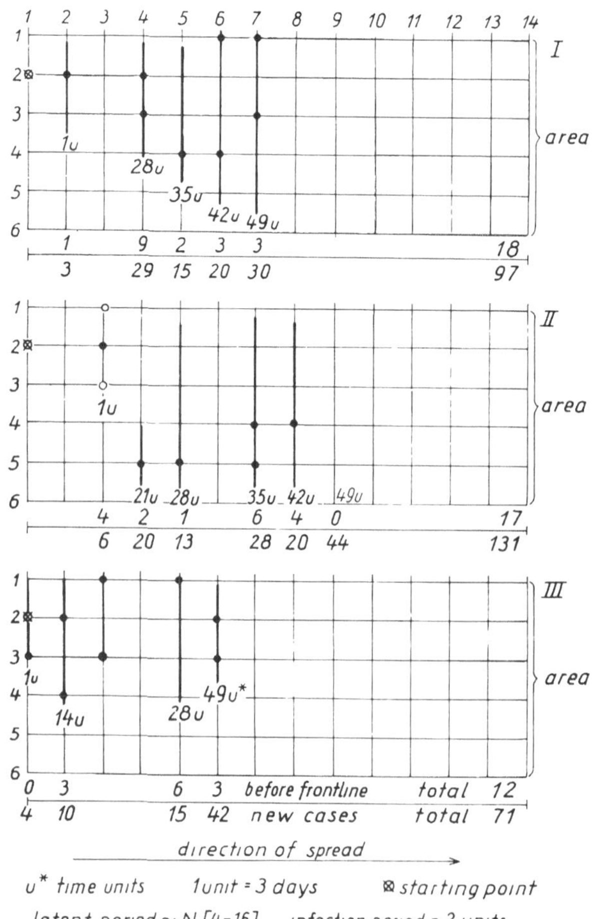


Abb. 6 Ergebnisse dreier Simulationsläufe des Rabies-Modells. Frontlinienverlauf des Seuchenstandes und Zahl der infizierten Tiere, gegliedert nach Fällen vor u.hinter der Frontlinie

Im Hinblick auf die Vakzination ergibt sich, daß man in Abhängigkeit von der mittleren Fuchsdichte 73 % bei 5 Tieren pro Flächeneinheit und 43 % bei 2 Tieren pro Flächeneinheit immunisieren muß, um die Infektionskette abreißen zu lassen - Abb. 7- .

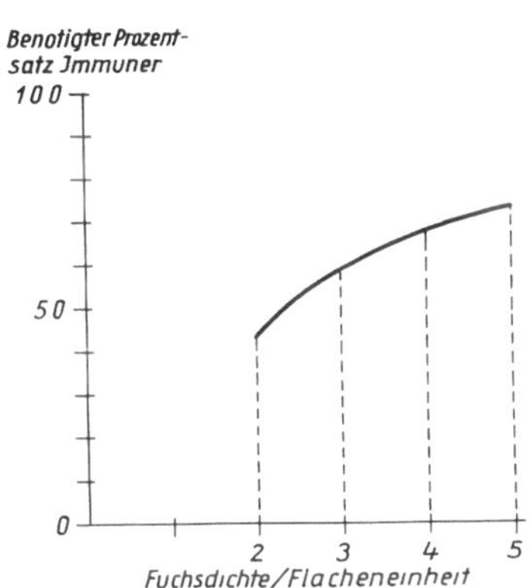


Abb. 7 Benötigter Anteil Immuner in einer Population in Abhängigkeit von der Besatzdichte zur Verhinderung einer Seuchenausbreitung. Ergebnisse anhand des Simulationsmodells

Zusammenfassend läßt sich sagen, daß die Modellbildung kein Selbstzweck ist, sondern ein nützliches und logisches Hilfsmittel zur Prüfung theoretischer Vorstellungen und zur Planung kritischer Experimente. Der wissenschaftliche Schwerpunkt liegt nicht in der Frage der Wahrheit oder Einzigartigkeit des Modells (- bei Berücksichtigung sehr vieler Faktoren ergibt sich oft die Möglichkeit, daß gleichartige Resultate durch ganz unterschiedliche Bedingungen angenommen werden können -), sondern in der Möglichkeit, mit der eine Diskrepanz zwischen Modellvorhersage und experimentellen Daten zu neuen und nutzbringenden Erkenntnissen führt.

Gleichzeitig geht aus den vorgestellten Beispielen deutlich hervor, daß es aus Gründen der Praktikabilität, d.h., um die aufgestellten Gleichungssysteme lösen zu können bzw. die Simulationsläufe in einer angemessenen Zeit auf einer EDV-Anlage "durchgespielt" zu bekommen, unumgänglich ist, die in der Realität vorliegenden komplexen Gegebenheiten im mathematischen Ansatz in recht grober Weise zu vereinfachen, in wenigen Kenngrößen zusammenzufassen. Bei der Interpretation dieser Maßzahlen muß man sich ihrer Hybrideigenschaft bewußt sein. Für die praktische Anwendung kann eine mit Hilfe des Modelltyps I erhaltene Reduktion der beobachteten Daten auf wenige Kenngrößen von großem Nutzen sein, z.B. beim Vergleich des Infektionsgeschehens in verschiedenen Regionen zur Messung möglicher Unterschiede in der epidemiologischen Situation. Bei den als Typ III angeführten Modellen, deren Sinn in der Auffindung optimaler Kontrollmethoden liegt, wird man davon ausgehen können, daß, falls die getroffenen "Wenn-Annahmen" in keinem Widerspruch zur Realität stehen, die erhaltenen "Dann-Aussagen" quasi als Filter für die Kontrollstrategien dienen können, deren Felderprobung dann auch optimale Erfolgsaussichten beschieden sein werden. Gleichzeitig gilt es zu bedenken, daß die Modellaussage, wie alle statistischen Gesetzmäßigkeiten, auf Massen bezogen gelten und daß im Einzelfall beobachtete Widersprüche nicht deren generelle Gültigkeit in Frage stellen.

## LITERATURVERZEICHNIS


1.) BAILEY, N.T.J.:
The Mathematical Theory of Infectious Diseases and its Applications
Griffin, London, 2. Aufl. 1975

2.) BERGER, J.; PIEKARSKI, G.:
Epidemiologisch-serologische Beobachtungen über die Infektion mit Toxoplasma gondii anhand einer prospektiven Untersuchungsreihe
Zbl.Bakt., I Abt.Orig. A 224, 391-411 (1973)

3.) BERGER, J.:
Model of rabies control
S. 74-88 in: BERGER,J., BÜHLER,W.,REPGES,R.,TAUTU,P. (Hrsg.): Mathematical Models in Medicine. Lecture Notes in Biomathematies 11
Springer-Verlag Berlin-Heidelberg-New York, 1976

4.) BLACK, J.G., LAWSON, K.F.:
Sylvatic rabies studies in the silver fox (Vulpes vulpes)
Cand.J.comp.Med. 34, 309 (1970)

5.) BLACK, J.G., LAWSON, K.F.:
Further studies of sylvatic rabies in the fox (Vulpes vulpes)
Cand.vet.J. 14, 206 (1973)

6.) BERNOULLI, D.:
An attempt at a new analysis of the mortality caused by smallpox and of the advantages of inoculation to prevent it
Mem.Math.Phys.Acad.Roy Soc. Paris, 1-45 (1765)

7.) DIETZ, K.:
Models for parasitic diseases control
Bull.Int.Stat.Inst. 46, (Book 1), 531-544 (1975)

8.) FELDSTEIN, M.S., PIOT, M.A., SUNDARESAN, T.K.:
Resource allocation model for public health planning - A case study of tuberculosis control
Bull. Wld.Hlth.Org. 48, Suppl., 3-108 (1973)

9.) MOEGLE, H., KNORPP, F., BÖGEL, K., ARATA, A., DIETZ, K., DIETHELM, P.:
Zur Epidemiologie der Wildtollwut, Untersuchungen im südlichen Teil der Bundesrepublik Deutschland
Zbl.Vet.Med. B 21, 647 (1974)

10.) MUENCH, H.:
Catalytic models in Epidemiology
Harvard Univ. Press, Cambridge/Mass., 1959

11.) ROSENFIELD, P.L., SMITH, R.A., WOLMAN, M.G.:
Development and verification of a schistosomiasis transmission model
Am.J.trop.Med.Hyg. 26, 505-516 (1977)

# ASPEKTE DES FACHGEBIETES DER MEDIZINISCHEN STATISTIK UND DOKUMENTATION BEI KLINISCHEN PRÜFUNGEN

Berthold Schneider, Hannover

## 1. EINLEITUNG

Unter klinischen Prüfungen werden im folgenden Therapieprüfungen an Patienten verstanden, und zwar speziell *kontrollierte klinische Prüfungen*, d.h. Prüfungen, bei denen die zu prüfende Therapie anhand einer Vergleichstherapie "kontrolliert" wird.

Um die Aspekte unseres Fachgebietes bei solchen Prüfungen zu erörtern, ist es zunächst erforderlich, die Stellung des Fachgebietes im Rahmen der Medizin zu präzisieren und zu spezifizieren. Analog zur Präambel der Biometric Society können die Fachaufgaben der Medizinischen Statistik folgendermaßen beschrieben werden:

Die medizinische Statistik und Dokumentation soll der Medizin zu einer Verarbeitung der objektiven, wissenschaftlichen Denkweise durch

- die Entwicklung und Einführung von objektiven Verfahren der Versuchsplanung und -auswertung,
- die Objektivierung der Beurteilung von Beobachtungsergebnissen
- das Aufstellen und Analysieren von quantitativen Hypothesen und mathematischen Modellen für biologische Vorgänge

beitragen.

Wenn man von der "wissenschaftlichen Denkweise" spricht, dann meint man vor allem die naturwissenschaftliche Denkweise, wie sie seit Beginn der Neuzeit vor allem von GALILEI, DESCARTES, PASCAL, LEIBNIZ, HUME und anderen aufgestellt und fortentwickelt wurde. Im Mittelpunkt dieser Denkweise stehen zwei Prinzipien:

a) Das Prinzip der *Systematisierung* des Denkens durch die axiomatische oder konstruktive Einführung eines Systems von Begriffen und Denkregeln, auf die sich sämtliche wissenschaftliche Aussagen beziehen.

b) Das Prinzip des naturwissenschaftlichen *Experiments* zur Verifizierung oder Falsifizierung von Hypothesen.

Beide Prinzipien sind insofern miteinander verknüpft, als das "wissenschaftliche System" die Basis für das Experiment ist und das Experiment umgekehrt die im Rahmen des Systems entwickelten Hypothesen an der Natur überprüft.

Führt man beide Prinzipien in die Medizin ein - genauer in die klinisch-therapeutische Forschung - , dann gelangt man zum Begriff des kontrollierten klinischen Experiments oder der kontrollierten klinischen Untersuchung. Dieses Experiment geht somit von einem systematisierten Hypothesenbegriff aus und versucht, in Analogie zum naturwissenschaftlichen Experiment die Hypothesen durch "Befragung der Natur" zu verifizieren oder zu falsifizieren. Der medizinischen Statistik und Dokumentation kommt dabei die Aufgabe zu, die quantitativen Methoden zur Erstellung der Hypothesen, zur Planung des Experiments, zur Auswertung des Experiments und zur Interpretation der Ergebnisse bereitzustellen. Beide Fachgebiete sind somit eng miteinander verknüpft und bilden das Kernstück der wissenschaftlichen Methoden in der klinisch-therapeutischen Forschung.

Es ist das Verdienst von Paul MARTINI, in den dreißiger Jahren die kontrollierte klinische Prüfung als die experimentelle Methode der therapeutischen Forschung allgemein durchgesetzt zu haben und dabei auch den Zusammenhang zwischen medizinischer Statistik und klinischer Forschung wieder hergestellt zu haben. Das Verdienst von Siegfried KOLLER ist es, der medizinischen Statistik den Rang eines eigenständigen wissenschaftlichen Fachs verschafft zu haben. Die Beziehung zwischen der klinischen Forschung und der medizinischen Statistik ist nicht die zwischen Meister und Sklave oder - wie es früher einmal der Heidelberger Zoologe W. LUDWIG, der erste Vorsitzende der Deutschen Region der Biometrischen Gesellschaft, ausgedrückt hat - die zwischen Herr und Haushund, sondern sie ist eine partnerschaftliche Beziehung zwischen zwei selbständigen und anerkannten wissenschaftlichen Disziplinen, die denselben wissenschaftlichen Gegenstand (nämlich die Wirkungen auf den Menschen) untersuchen, sich aber in ihrer Methode unterscheiden und ergänzen. Ich möchte im folgenden einige charakteristische Problemfelder der klinischen Prüfung aufzeigen und die Aspekte der medizinischen Statistik diskutieren, die zur Lösung dieser Problemfelder beitragen können.

## 2. PROBLEMFELDER DER KLINISCHEN PRÜFUNG

Ein naturwissenschaftliches Experiment ist durch folgende Kriterien gekennzeichnet:

a) Durch das Experiment wird die Natur nach der *Willkür* des Experimentators *manipuliert* (KANT hat dies so ausgedrückt, daß "die Natur zur Antwort gezwungen wird").
b) Die Versuchsbedingungen (mit Ausnahme der vom Experimentator willkürlich geänderten Bedingungen) sollen für den ganzen Versuch und für alle daran beteiligten Einheiten *konstant* bleiben (ceteris paribus-Prinzip).

Die Problematik der klinischen Prüfung rührt daher, daß diese Prinzipien auf den Menschen angewandt werden sollen und sie - wie MARTINI es formulierte (18) - zum Wesen und zur Würde des Menschen in krassem Widerspruch stehen. Es widerspricht der Würde des Menschen,nach der Willkür des Experimentators manipuliert zu werden und,es widerspricht dem Wesen des Menschen als eines einzelnen Individuums, in allen relevanten Bedingungen mit anderen Individuen gleichgeschaltet zu werden.

Dieser Gegensatz zwischen den Forderungen des naturwissenschaftlichen Experiments und der Würde und dem Wesen des Menschen hat bis in unsere Zeit hinein zu heftigen Angriffen und zur teilweisen Ablehnung der kontrollierten Therapiestudien geführt. Die jüngsten Attaken gegen die kontrollierten Therapiestudien finden sich im Buch von FINCKE (13), in dem sogar die generelle Strafbarkeit von klinischen Studien postuliert wird. Gegen diese Einwände hat KOLLER in einer kürzlich veröffentlichten Schrift energisch Stellung genommen und gezeigt, daß die Postulate von FINCKE im wesentlichen auf Mißverständnissen der Methoden der klinischen Prüfung beruhen (16).

In der Tat hat bereits Paul MARTINI (18) aufgezeigt, daß die Manipulation des Patienten durch den Therapeuten nicht nur erlaubt, sondern sogar geboten ist, wenn dadurch eine begründete Aussicht besteht, daß dem Patienten geholfen werden kann und ein im Verhältnis zum Nutzen vertretbarer Schaden zu erwarten ist. Dieser Grundsatz gilt sowohl für die Einführung und Prüfung eines neuen Medikamentes im Rahmen der sogenannten Phase I und Phase II, bei denen das neue Mittel zunächst allein an wenigen Patienten untersucht wird, als auch für den kontrollierten Vergleich in der sogenannten Phase III, bei der das neue Mittel im Vergleich zu einem bekannten Mittel oder einer Placebo-Behandlung geprüft wird. Wenn die pharmakologischen und toxikologischen Untersuchungen und die Voruntersuchungen am Menschen in der Phase I und II hinreichend glaubwürdig aufgezeigt haben, daß das neue Medikament im Vergleich zur Standardbehandlung mindestens den gleichen, vielleicht aber sogar einen größeren Nutzen und darüberhinaus keine höhere Gefährdung bringen kann, dann ist der Arzt nicht nur berechtigt, sondern sogar verpflichtet, im Interesse einer Verbesserung der Therapie das neue Medikament in einer kontrollierten klinischen Studie zu prüfen. Diese Prüfung kann er so lange durchführen, bis entweder das Versuchsziel erreicht ist und das neue Mittel sich der Standardtherapie gegenüber als überlegen oder unterlegen erwiesen hat oder der Verlauf der Prüfung neue Erkenntnisse über die Wirksamkeit oder Schädlichkeit des neuen Medikamentes bringt, die einen Abbruch der Prüfung erzwingen.

Auf diesem Prinzip aufbauend, hat nach jahrelangen Beratungen die 18. Vollversammlung des Weltärztebundes im November 1964 in Helsinki Empfehlungen an die Ärzte für die wissenschaftlichen Versuche am Menschen herausgegeben. Diese als "Deklaration von Helsinki" bekannten Empfehlungen bilden die medizinische und ethische Grundlage für die kontrollierten klinischen Versuche. Sie wurden auf der 29. Generalversammlung des Weltärztebundes am 10. Oktober 1975 in Tokio revidiert. Die allgemeinen Grundsätze dieser revidierten Fassung lauten (22):

"Aufgabe des Arztes ist die Erhaltung der Gesundheit des Menschen. Der Erfüllung dieser Aufgabe dient er mit seinem Wissen und Gewissen.

Ziel der biomedizinischen Forschung am Menschen muß es sein, diagnostische, therapeutische und prophylaktische Verfahren sowie das Verständnis für die Aetiologie und Pathogenese der Krankheit zu verbessern.

In der medizinischen Praxis sind diagnostische, therapeutische und prophylaktische Verfahren mit Risiken verbunden; dies gilt um so mehr für die biomedizinische Forschung am Menschen. Medizinischer Fortschritt beruht auf Forschung, die sich letztlich auch auf Versuche am

Menschen stützen muß".

*Allgemeine Grundsätze*

1. Biomedizinische Forschung am Menschen muß den allgemein anerkannten wissenschaftlichen Grundsätzen entsprechen; sie sollte auf ausreichenden Laboratoriums- und Tierversuchen sowie einer umfassenden Kenntnis der wissenschaftlichen Literatur aufbauen.
2. Die Planung und Durchführung eines jeden Versuches am Menschen sollte eindeutig in einem Versuchsprotokoll niedergelegt werden; dieses sollte einem besonders berufenen unabhängigen Ausschuß zur Beratung, Stellungnahme und Orientierung zugeleitet werden.
3. Biomedizinische Forschung am Menschen sollte nur von wissenschaftlich qualifizierten Personen und unter Aufsicht eines klinisch erfahrenen Arztes durchgeführt werden. Die Verantwortung für die Versuchsperson trägt stets ein Arzt und nie die Versuchsperson selbst, auch dann nicht, wenn sie ihr Einverständnis gegeben hat.
4. Biomedizinische Forschung am Menschen ist nur zulässig, wenn die Bedeutung des Versuchszieles in einem angemessenen Verhältnis zum Risiko für die Versuchsperson steht.
5. Jedem biomedizinischen Forschungsvorhaben am Menschen sollte eine sorgfältige Abschätzung der voraussehbaren Risiken im Vergleich zu dem voraussichtlichen Nutzen für die Versuchsperson oder andere vorausgehen. Die Sorge um die Belange der Versuchsperson muß stets ausschlaggebend sein im Vergleich zu den Interessen der Wissenschaft und der Gesellschaft.
6. Das Recht der Versuchsperson auf Wahrung ihrer Unversehrtheit muß stets geachtet werden. Es sollte alles getan werden, um die Privatsphäre der Versuchsperson zu wahren; die Wirkung auf die körperliche und geistige Unversehrtheit sowie die Persönlichkeit der Versuchsperson sollte so gering wie möglich gehalten werden.
7. Der Arzt sollte es unterlassen, bei Versuchen am Menschen tätig zu werden, wenn er nicht überzeugt ist, daß das mit dem Versuch verbundene Wagnis für vorhersagbar gehalten wird. Der Arzt sollte jeden Versuch abbrechen, sobald sich herausstellt, daß das Wagnis den möglichen Nutzen übersteigt.
8. Der Arzt ist bei der Veröffentlichung der Versuchsergebnisse verpflichtet, die Befunde genau wiederzugeben. Berichte über Versuche, die nicht in Übereinstimmung mit den in dieser Deklaration nieder-

gelegten Grundsätzen durchgeführt wurden, sollten nicht zur Veröffentlichung angenommen werden.

9. Bei jedem Versuch am Menschen muß jede Versuchsperson ausreichend über Absicht, Durchführung, erwarteten Nutzen und Risiken des Versuches sowie über möglicherweise damit verbundene Störungen des Wohlbefindens unterrichtet werden. Die Versuchsperson sollte darauf hingewiesen werden, daß es ihr freisteht, die Teilnahme am Versuch zu verweigern und daß sie jederzeit eine einmal gegebene Zustimmung widerrufen kann. Nach dieser Aufklärung sollte der Arzt die freiwillige Zustimmung der Versuchsperson einholen; die Erklärung sollte vorzugsweise schriftlich abgegeben werden.
10. Ist die Versuchsperson vom Arzt abhängig oder erfolgte die Zustimmung zu einem Versuch möglicherweise unter Druck, so soll der Arzt beim Einholen der Einwilligung nach Aufklärung besondere Vorsicht walten lassen. In einem solchen Fall sollte die Einwilligung durch einen Arzt eingeholt werden, der mit dem Versuch nicht befaßt ist und der außerhalb eines etwaigen Abhängigkeitsverhältnisses steht.
11. Ist die Versuchsperson nicht voll geschäftsfähig, sollte die Einwilligung nach Aufklärung vom gesetzlichen Vertreter entsprechend nationalem Recht eingeholt werden. Die Einwilligung des mit der Verantwortung betrauten Verwandten [+)] ersetzt die der Versuchsperson, wenn diese infolge körperlicher oder geistiger Behinderung nicht wirksam zustimmen kann oder minderjährig ist.
12. Das Versuchsprotokoll sollte stets die ethischen Überlegungen im Zusammenhang mit der Durchführung des Versuchs darlegen und aufzeigen, daß die Grundsätze dieser Deklaration eingehalten sind.

[+)] Darunter ist nach deutschem Recht der "Personensorgeberechtigte" zu verstehen.

## 3. DIE AUFGABEN DER MEDIZINISCHEN STATISTIK BEI KLINISCHEN PRÜFUNGEN

Durch die Grundsätze der Deklaration von Helsinki werden die Bedingungen vorgegeben, unter denen kontrollierte klinische Studien stattzufinden haben. Aufgabe der medizinischen Statistik ist es, im Rahmen dieser Bedingungen die Methoden zur Planung, Durchführung und Analyse klinischer Studien bereitzustellen. Dabei darf der Einsatz der Statistik nicht erst bei der Planung beginnen und bereits bei der Auswertung enden. Er sollte sich vielmehr auch noch auf das Vorfeld erstrekken, bei dem es darum geht, wissenschaftlich fundierte Hypothesen und Modelle für die klinische Problemstellung zu erarbeiten, und er muß auch auf die an die Auswertung anschließende Problematik der Interpretation und klinischen Bewertung ausgedehnt werden. Gerade in diesem Einbeziehen der medizinischen Problemstellung und der klinischen Anwendung ist der Unterschied zwischen medizinischer Statistik und den mathematisch-statistischen Methoden zu erblicken. Die mathematisch-statistischen Methoden sind lediglich das Handwerkzeug, mit dem die medizinische Statistik sowohl die Aufgaben der Hypothesenbildung als auch die der Hypothesenprüfung und der Nutzbarmachung der erarbeiteten Ergebnisse und Resultate zu lösen hat. Die medizinische Statistik erschöpft sich nicht in der Methode, sondern muß auch die problemadäquate Verknüpfung von klinischer Fragestellung, methodischer Ausarbeitung und praktischer Anwendung mit umfassen.

Ich möchte im folgenden einige der wichtigsten methodischen Aspekte bei klinischen Prüfungen erörtern.

## 3.1 HYPOTHESENFINDUNG UND QUANTITATIVE MODELLE

Die Formulierung wissenschaftlicher Hypothesen setzt voraus, daß die zu untersuchenden Vorgänge und Sachverhalte im Rahmen eines formalen Modells abstrahiert und systematisiert werden. Die Erstellung solcher formaler Modelle ist eine der großen Aufgaben der medizinischen Statistik. Diesen Teilbereich nennt man Biomathematik.

Im Vorfeld dieser Modellbildung ist zu klären, welche Phänomene des zu untersuchenden Gebietes als wichtig erscheinen und durch entsprechende formale Systeme möglichst gut erfaßt werden sollen.

Im Rahmen der Untersuchungen und des Vergleichs verschiedener Therapiearten bezüglich ihrer Wirkung bei verschiedenen Krankheiten erscheinen z.B. folgende Phänomene als wichtig:

- Die Variabilität der Patienten, der Krankheitsbilder und der Reaktionen von Patienten auf Therapiemaßnahmen.

- Der Einfluß der Zeit als Faktor der Therapiewirkung und als Faktor der Veränderung des Patientenzustandes (z.B. durch Altern, natürlichen Krankheitsverlauf u.ä.).
- Die Verteilung und Metabolisierung von Arzneimitteln im Organismus.
- Die Reaktion zwischen Medikament oder sonstiger Therapiemaßnahme und Organismus.

### 3.1.1 MODELLE FÜR DIE VARIABILITÄT

Die Bedeutung der *Variabilität* für Therapieuntersuchungen wurde schon von T.S. LAPLACE hervorgehoben. In der zweiten Auflage seiner "Théorie analytique des probabilités" (17) hat er daher gefordert, bei der Beurteilung der Therapiemaßnahmen auf die Methoden der Wahrscheinlichkeitsrechnung zurückzugreifen. Bei diesen Methoden wird nicht mehr der Einzelpatient als Objekt der wissenschaftlichen Forschung, sondern die Gesamtheit aller Patienten - das sogenannte Kollektiv - betrachtet. Auf dieses Kollektiv und nicht auf den Einzelpatienten beziehen sich die Hypothesen und die in den Hypothesen postulierten Gesetzmäßigkeiten. Die Therapieergebnisse bei den Einzelpatienten variieren zufallsgemäß um diese generellen, kollektiven Gesetzmäßigkeiten. Für diese Variation gelten Wahrscheinlichkeitsgesetze, die zwar keine exakte Vorhersage des Verhaltens der Einzelpatienten gestatten, aber doch für die möglichen Ergebnisse bestimmte Wahrscheinlichkeiten festlegen und somit das wahrscheinliche Verhalten der Einzelindividuen beschreiben.

Das Modell des Kollektivs und die daraus hergeleiteten Wahrscheinlichkeitsgesetze lösen auch den Widerspruch auf, der zwischen der Forderung nach einer möglichst großen Konstanz der Versuchsbedingungen im naturwissenschaftlichen Experiment und der Variabilität des menschlichen Verhaltens besteht. Für das Einzelindividuum kann eine solche Konstanz nicht gefordert werden. Sie kann aber sehr wohl für die Gesamtheit der Individuen, also für das Kollektiv, angenommen werden. Damit läßt sich auch das Prinzip der Konstanz der Versuchsbedingungen auf den klinisch-therapeutischen Versuch übertragen, wobei anstelle der Forderung nach Gleichheit der Einzelobjekte die Forderung nach Homogenität des Kollektivs tritt.

Die Einführung des Wahrscheinlichkeitsbegriffes und der Wahrscheinlichkeitsrechnung zur Beurteilung von Therapieergebnissen durch LAPLACE im Jahre 1814 hat in der ersten Hälfte des vorigen Jahrhunderts in Frankreich zu einem regen Aufschwung der quantitativen Methoden in der Medizin geführt. Es war vor allem GAVARRET, der sich um die Weiterverbreitung dieser Methoden bemühte und 1840 das erste Lehrbuch der medizinischen Statistik schrieb (Principes généraux de statistique medicale). In Deutschland setzte sich der Leipziger Kliniker C.A. WUNDERLICH für eine "Rationelle Therapie" ein, in der die Beobachtung und Erfahrung durch das Experiment überprüft und objektiviert werden sollen.

Diese frühe Anwendung der Wahrscheinlichkeitsrechnung in der klinischen Forschung wurde allerdings oft übertrieben und es wurden Schlußfolgerungen gezogen, die mit der Realität nicht mehr übereinstimmten. Dies führte zu einer Diskreditierung der Wahrscheinlichkeitsrechnung, die im Gefolge die ganze Methode wieder aus der klinischen Forschung verschwinden ließ. Es setzte sich die Meinung durch, daß eine quantitative naturwissenschaftliche Methode mit der Variabilität der Biologie nicht vereinbar sei.

Aus heutiger Sicht erweist sich als die tiefere Ursache für das Scheitern des Wahrscheinlichkeitsmodells in der Medizin die Tatsache, daß zur Überprüfung der Wahrscheinlichkeitsaussagen die Methoden der Statistik zu der damaligen Zeit noch nicht entwickelt waren. Die damalige medizinische Statistik konnte somit zwar die Aufgaben der Biomathematik - d.h. die der Modellbildung und Hypothesengenerierung - erfüllen, aber sie hatte noch kein Werkzeug, mit dem die Gültigkeit der Hypothesen an der Wirklichkeit überprüft werden konnte. Dieses Werkzeug wurde erst seit Beginn unseres Jahrhunderts mit der Entwicklung der induktiven Statistik durch Karl PEARSON, R.A. FISHER, J. NEYMAN und A. WALD geschaffen.

Erst mit der Ergänzung der Biomathematik durch die Methoden der induktiven Statistik (statistisches Schließen und Testen) standen der medizinischen Statistik die methodischen Hilfsmittel zur Verfügung, die sie für ihre Aufgaben im Rahmen der klinisch-therapeutischen Forschung benötigte.

### 3.1.2 DIE ROLLE DER ZEIT

Die Bedeutung der Zeit für die Beurteilung der Therapiewirkung wurde schon früh erkannt. So hat z.B. schon 1758 der englische Schiffsarzt James LIND die Dauer, die zwischen dem Beginn einer Therapie und dem Eintritt einer Wirkung verstreicht, zur Beurteilung der Therapiewirkung verschiedener Behandlungsmethoden der Skorbut benutzt (vgl. MARTINI (19), S. 21). Hier besitzt also die Zeit die Dimension einer Reaktionsgröße (Reaktionszeit).

Andererseits kann die Zeit auch ein wesentlicher Faktor für das Therapieergebnis sein. Im Laufe der Zeit ändert sich auch ohne Therapieeingriff die Krankheit und es ändert sich z.B. durch Altern die physische und psychische Konstitution des Patienten. Im ersten Fall hat die Zeit die Bedeutung eines Verlaufsparameters; das Therapieergebnis besteht nicht aus einem einzelnen Resultat, sondern aus einer zeitlichen Folge von physiologischen oder pathologischen Veränderungen, also aus einer Funktion der Zeit. Im zweiten Fall ist die Zeit als Alter des Patienten eine wesentliche Einflußgröße, die neben den systematisch im Versuch geänderten therapeutischen Einflußgrößen einen bedeutsamen Einfluß auf das Therapieergebnis und den Therapieverlauf nimmt.

Die ersten quantitativen Modelle, in denen die Zeit als Reaktionsgröße erscheint, sind die sogenannten Lifetable-Modelle. Die "Lifetables" wurden zuerst von HALEY als sogenannte Sterbetafeln zur Beschreibung der Häufigkeit, mit der in den verschiedenen Altersklassen die Mitglieder einer Population absterben, eingeführt. Eine allgemeine mathematische Theorie der Lifetables liefert die Theorie der stochastischen Punktprozesse, bei denen die interessierende Reaktion (bei den Sterbetafeln ist dies der Tod) ein zufälliges Ereignis darstellt, das zu beliebigen Zeitpunkten eintreten kann. Diese Punktprozesse können entweder durch die Wahrscheinlichkeit für die Anzahl der Ereignisse in vorgegebenen Zeitintervallen oder durch die Wahrscheinlichkeitsverteilung der Intervalle zwischen verschiedenen Ereignissen gekennzeichnet werden. Die ersten mathematischen Modelle für Punktprozesse wurden von U. YULE sowie KERMACK und McKENDRICK als sogenannte Geburten- und Absterbeprozesse eingeführt; die erste, umfassende stochastische Theorie von Wachstumsprozessen wurde von FELLER (12) publiziert.

Die Anwendung der Lifetable-Methoden bei klinischen Prüfungen ist noch verhältnismäßig jung. Bedeutsame methodische Entwicklungen gehen auf die Arbeiten von CHIANG und D.R. COX (6, 8) zurück.

Auch die Methoden und Modelle zur statistischen Analyse von Krankheitsverläufen sind in der medizinischen Statistik noch nicht allzulange üblich. Sie lehnen sich entweder an die Methoden der Regressionsanalyse oder an die der Zeitreihenanalyse an. Die Erweiterung der Regressionsmethode auf qualitative Reaktionsgrößen, wie "Heilung" oder "Tod", geht auf ARMITAGE zurück (1). Durch die Verwendung der Logittransformation, die vor allem von BERKSON (3) propagiert wurde, sind diese Modelle auch für die praktische Anwendung gut handhabbar geworden. Damit stehen vielseitige Modelle zur Verfügung, die sowohl eine Verlaufsanalyse als auch eine Analyse des Alters als Einflußfaktor auf die Therapiewirkung gestatten.

## 3.2 PHARMAKOKINETISCHE MODELLE

Quantitative Modelle für die Verteilung und Metabolisierung von Arzneimitteln im Organismus werden in der Pharmakokinetik behandelt. Charakteristisch für diese Modelle ist die Kompartmentierung, d.h. die Aufteilung des gesamten Organismus in eine endliche Zahl von homogenen Teilen. Innerhalb dieser "Kompartimente" wird die Konzentration des Arzneimittels oder seiner Metabolite als konstant angesehen. Der gesamte kinetische Vorgang spielt sich also zwischen den Kompartimenten ab. Für diesen Übergang wird meist eine lineare Kinetik angenommen, die voraussetzt, daß die zeitliche Änderung der Konzentration der im Ausgangskompartiment vorhandenen Konzentration proportional ist. Um die Einführung dieser Kompartimentmodelle in der Medizin hat sich vor allem DOST verdient gemacht (10).

## 3.3 PHARMAKODYNAMIK

Die Modelle und Hypothesen über den Zusammenhang zwischen Arzneimitteln und der biologischen Wirkung werden in der *Pharmakodynamik* behandelt. Entsprechend den vielfältigen Möglichkeiten einer Einwirkung auf den Organismus sind verschiedenartige Modellvorstellungen und Hypothesen erforderlich, um eine brauchbare Beschreibung der Vorgänge zu erhalten. Dabei haben sich aber einige wenige Prinzipien bewährt, die in vielfacher Weise modifiziert und auf die physiologischen Gegebenheiten angewandt werden können.

Eines dieser Prinzipien ist das *Pharmakon-Rezeptor-Prinzip*, das von MICHAELIS und MENTEN quantifiziert wurde (20). Die von MICHAELIS und MENTEN eingeführte Gleichung über die quantitativen Beziehungen zwischen Pharmakon und besetzten Rezeptoren ist auch heute noch die wichtigste Gleichung der Pharmakodynamik (vgl. FELDMANN, SCHNEIDER (11)). Sie ist identisch mit dem logistischen Gesetz, das von VERHULST zur Beschreibung des Wachstums (25) und von BERKSON zur Beschreibung von Dosis-Wirkungsbeziehungen (3) in die Biologie und Medizin eingeführt wurde.

Ein weiteres wichtiges Prinzip ist das Massenwirkungsgesetz, das eine logarithmische Beziehung zwischen den an den Reaktionen beteiligten Substanzmengen postuliert. Auch das sogenannte WEBER-FECHNERSCHE-Gesetz, das eine logarithmische Beziehung zwischen Reizintensität und Wirkung bei physiologischen Reizen postuliert, kann auf viele andere Wirkungsbeziehungen ausgedehnt werden und hat sich häufig als Modellannahme bewährt. Schließlich soll noch das *Probitmodell* erwähnt werden, das für qualitative Dosis-Wirkungsbeziehungen vor allem von GADDUM und BLISS eingeführt wurde (vgl. SCHNEIDER (23)), und auf der Vorstellung basiert, daß eine qualitative Reaktion dann eintritt, wenn im Organismus eine bestimmte Reizschwelle erreicht wird und daß diese Reizschwellen zwischen den Individuen normal verteilt sind.

## 3.4. PROBLEME DER VERSUCHSPLANUNG

Die Hauptaufgabe der Versuchsplanung besteht darin, Methoden anzugeben, nach denen mit möglichst geringem Versuchsaufwand eine unverzerrte und erschöpfende Beantwortung der Versuchsfrage möglich ist. Bei der klinischen Prüfung bedeutet dies, daß mit möglichst geringen Patientenzahlen die Wirkungsqualitäten und -quantitäten einer neuen Therapieform im Vergleich zur Standardtherapie oder Placebotherapie unverzerrt ermittelt werden sollen. Die unverzerrte Schätzung der Wirkungsqualität setzt voraus, daß

- die in den Versuch einbezogenen Patientenstichproben repräsentativ für das gesamte Patientenkollektiv sind, in den die zu prüfende Therapieform angewandt werden soll,
- die mit den verschiedenen Prüftherapien behandelten Patientenstichproben in allen wichtigen Merkmalen weitgehend übereinstimmen.

Diese letzte Forderung bedeutet die Übertragung des "ceteris paribus-Prinzips" des naturwissenschaftlichen Experiments auf statistische Gesamtheiten und Stichproben. Sie kann dadurch realisiert werden, daß die Zuteilung der verschiedenen Prüfpräparate auf die ausgewählte Patientenstichprobe *randomisiert* erfolgt. Das bedeutet, daß jeder Patient der Studie dieselbe Wahrscheinlichkeit besitzt, in eine bestimmte Prüfgruppe eingeteilt zu werden. Diese randomisierte Zuteilung ist somit eine unerläßliche Voraussetzung für ein korrekt durchgeführtes klinisches Experiment. Sie kann mit Hilfe von Tabellen oder Programmen für Zufallszahlen (pseudo-random-digits) realisiert werden.

Um einen psychologischen Einfluß des Patienten oder Arztes auf das Prüfergebnis auszuschalten, soll nach Möglichkeit die Prüfung "blind" oder "doppelt-blind" durchgeführt werden. Beim Blindversuch ist dem Patienten nicht bekannt, ob er das Prüf- oder Vergleichspräparat erhält. Beim Doppel-Blindversuch ist auch dem Arzt nicht bekannt, welcher Patient das Prüf- und welcher Patient das Vergleichspräparat erhält. Diese Blind- oder Doppelblindversuche widersprechen prinzipiell nicht dem Grundsatz Nr. 9 der Deklaration von Helsinki, in der eine Aufklärung der Versuchsperson über Absicht, Durchführung, erwarteten Nutzen und Risiken des Versuchs verlangt wird. Sie widersprechen auch nicht der Zustimmungspflicht der Versuchsperson zur Durchführung. Die Aufklärung kann darin bestehen, daß der Versuchsperson mitgeteilt wird, daß sie an einem Blind- oder Doppelblindversuch teilnimmt, in dem verschiedene nach dem jetzigen Stand des Wissens noch als gleichwertig anzusehende Präparate getestet werden. Es sollte ihm auch erläutert werden, daß für eine unverzerrte Testung dieser Präparate die Blind- oder Doppelblindanlage erforderlich ist, um psychologische Effekte auszuschließen. Seine Zustimmung zur Teilnahme an dieser Studie muß auf jeden Fall eingeholt werden.

Die Frage nach dem erforderlichen Stichprobenumfang kann durch die Festlegung der zulässigen Abweichung von der Nullhypothese und der bei diesen Abweichungen noch tolerierten Annahmewahrscheinlichkeit (Irrtumswahrscheinlichkeit zweiter Art) getroffen werden. Praktisch wird allerdings dieses Verfahren nur selten angewandt, da meist keine spezifizierten Vorstellungen über die möglichen Abweichungen von der Nullhypothese und über die tolerierte Irrtumswahrscheinlichkeit vorliegen. Bei komplizierten Tests, wie z.B. höheren Varianzanalysen und parameterfreien Tests, sind die Abweichungen von der Nullhypothese auch meist nur sehr schwer zu spezifizieren. Daß dieses Verfahren aber trotzdem möglich ist, zeigt die Qualitätskontrolle, in der die Annahme- und Ablehnewahrscheinlichkeiten sowie die zulässigen Grenzen auch bei komplizierten Situationen vorgegeben werden und die Versuchspläne dementsprechend ausgerichtet werden können.

Wenn vor dem Versuch bekannt ist, daß eine Reihe von definierten Zusatzfaktoren, wie z.B. Geschlecht, Alter, Vorerkrankung, Dauer der Erkrankung usw., die Therapiewirkung beeinflussen können und außerdem dieser Einfluß auf die Therapiewirkung quantitativ werden soll, dann sollte der Versuch als Blockversuch (auch stratifizierter Versuch genannt) angelegt werden. Die jeweiligen Ausprägungen der Zusatzfaktoren bilden einen homogenen Block. Die randomisierte Zuteilung der Patienten zu den Behandlungen erfolgt jeweils innerhalb eines solchen Blocks.
Im Extremfall kann auch jeder einzelne Patient einen eigenen Block bilden, nämlich dann, wenn man davon ausgehen kann, daß durch die Therapiemaßnahmen keine irreversiblen Veränderungen gesetzt werden. In diesem Fall können die verschiedenen, zu prüfenden Therapieformen jeweils am selben Patienten hintereinander angewandt werden. Diese Versuche nennt man die Cross-over-Versuche. Um eine Verzerrung durch die Rangordnung der Zuteilung zu vermeiden, muß für jeden Patienten die Reihenfolge der verschiedenen Therapieformen zufällig ausgelost werden. Durch einen Vergleich der verschiedenen Reihenfolgen können Überlappungs- und Nebenwirkungseffekte untersucht werden.

Für die klinische Prüfung von besonderer Bedeutung kann das sequentielle Vorgehen sein, bei dem nicht von vornherein eine bestimmte Patientenzahl festgelegt wird, sondern schrittweise neue Patienten (bzw. Patientenpaare, wobei dem einen Patienten die Prüf-, dem anderen die Standardtherapie verabreicht wird) in die Untersuchung einbezogen werden. Nach jedem Untersuchungsergebnis wird eine Entscheidung darüber getroffen, ob die zu prüfende Hypothese (z.B. daß die neue Therapieform der alten äquivalent oder unterlegen ist) angenommen wird, abgelehnt wird oder die Untersuchung fortgesetzt wird. Diese Sequentialversuche wurden vor allem von ARMITAGE (2) für die klinischen Prüfungen empfohlen. In der Praxis haben sie sich aber nur selten durchgesetzt, da durch das jeweilige Abwarten des Versuchsergebnisses die Dauer einer klinischen Prüfung ungebührlich hinausgezögert wird. In einer etwas modifizierteren Form, in der nicht nur jeweils ein Patientenpaar (bei mehr als 2 Prüfformen auch entsprechend mehr Patienten), sondern vorgegebene Stichproben von Patienten in die Prüfung einbezogen werden und die Entscheidung nach einer vorgegebenen endlichen Schrittzahl (z.B. nach 3 Schritten) getroffen wird (sogenannte gestufte Versuchspläne), könnten sie aber durchaus für die klinische Prüfung interessant sein. Von besonderer Bedeutung sind Sequentialverfahren beim sogenannten "Monitoring" von klinischen Langzeitprüfungen, bei dem nicht die Fallzahl, sondern die Dauer der Prüfung sequentiell festgelegt wird und zu den vorgegebenen, sequentiellen Beobachtungszeiten über die Fortsetzung oder den Abbruch des Versuchs (z.B. beim Auftreten von gravierenden Nebenwirkungen, der erwiesenen Unter- oder Überlegenheit der Prüftherapie) entschieden wird (vgl. CANNER (4)).

## 3.5 AUSWERTUNG DER VERSUCHE

Für die Auswertung der Versuche steht das Methodenspektrum der mathematischen Statistik zur Verfügung. Im Rahmen der Auswertung sollen

- die Wirkkomponenten und ihre gegenseitigen Abhängigkeiten und Bedingungen quantifiziert und analysiert
- die Zuverlässigkeit der erhaltenen Aussagen und Analysen abgeschätzt

werden.

Die erste Aufgabe wird durch die Methoden des *statistischen Schätzens* aufgrund vorgegebener Wahrscheinlichkeitsmodelle, die zweite durch die Methoden des *statistischen Testens* gelöst. Es muß betont werden, daß die Auswertung beide Aufgaben umfaßt und nicht nur auf die Durchführung von Tests beschränkt werden darf. Schätzverfahren, Testmethoden und das wissenschaftliche Modell müssen aufeinander abgestimmt sein und der Fragestellung des Versuchs entsprechen.

Auf Einzelheiten dieser Methoden soll hier nicht näher eingegangen werden. Es sollen aber einige Besonderheiten hervorgehoben werden, die speziell bei den klinischen Untersuchungen von Bedeutung sind und in neueren Arbeiten untersucht wurden.

Eine der Besonderheiten besteht darin, daß die Versuchsbedingungen meist nicht vollständig eingehalten werden können und somit systematische Verzerrungen der Versuchsergebnisse auftreten. Eine Nichteinhaltung der Versuchsbedingungen ist immer dann gegeben, wenn Patienten die weitere Teilnahme an einem Versuch verweigern oder wenn wegen Unverträglichkeit Patienten aus dem Versuch vorzeitig herausgenommen werden oder die Zuteilung der Therapieform geändert werden muß. Solche Therapieabbrüche oder Therapiewechsel sind meist nicht auf die verschiedenen Prüfformen gleichverteilt, sondern treten systematisch bei bestimmten Prüfformen auf. Für die Auswertung besteht die Aufgabe darin, durch einen entsprechenden rechnerischen Ausgleich den Einfluß dieser zusätzlichen Therapieabbrüche oder Therapiewechsel auf den Therapieausgang zu extrapolieren und die Ergebnisse entsprechend zu bereinigen. Dabei ist aber zu beachten, daß solche Therapieabbrüche auch Ausdruck der Wirkqualitäten sind.

Eine Bereinigung von Therapieabbrüchen kann nach den Methoden des "competing risk", wie sie z.B. von MOESCHBERGER und DAVID (21) dargelegt wurden, vorgenommen werden. Bei diesen Methoden werden das Eintreten des zu untersuchenden Ereignisses (Heilung bzw. Tod) und ein vorzeitiger Therapieabbruch als "konkurrierende Risiken" angesehen.

Durch das Eintreffen des einen Ereignisse (Therapieabbruch) kann der Einfluß der Therapie auf das andere Ereignis (z.B. Heilung oder Tod) nicht mehr beobachtet werden.

Die durch Therapiewechsel hervorgerufenen Verzerrungen können durch die Methode der "relative allocation" ausgeglichen werden, wie sie z.B. von COX (7) entwickelt wurden. Diese Verfahren wurden erfolgreich bei der Analyse der UGDP-Studie angewandt (14).

Eine weitere Besonderheit in der Auswertung klinischer Studien ergibt sich aus dem 7. Grundsatz der Deklaration von Helsinki, in dem gefordert wird, daß der Arzt jeden Versuch abbrechen soll, wenn sich herausstellt, daß das Wagnis den möglichen Nutzen übersteigt. Man muß hinzufügen, daß ein Abbruch des Versuchs auch dann geboten ist, wenn sich die neue Prüftherapie der im Vergleich befindlichen Standardtherapie entweder so überlegen oder so unterlegen zeigt, daß eine weitere Fortsetzung des Versuchs aus ethischen Gründen nicht mehr möglich ist.

Die Erfüllung dieser Forderung verlangt von der Auswertung, daß sie nicht erst am Ende der meist willkürlich vorgegebenen Versuchsdauer vorgenommen wird, sondern die gesamte Untersuchung begleitet. Diese begleitende statistische Untersuchung nennt man ein "Monitoring" der klinischen Prüfung. Die Methoden eines solchen Monitorings wurden zuerst von CORNFIELD ( 9, 24) im Zusammenhang mit der UGDP-Studie eingeführt. Sie werden in einer Übersichtsarbeit von CANNER (4), die erst kürzlich erschienen ist, ausführlich diskutiert. Im Prinzip bestehen diese Methoden darin, daß die an festgelegten fortlaufenden Beobachtungspunkten ermittelten Ergebnisse als Ergebnis eines Sequentialversuchs aufgefaßt werden und jeweils zu diesen Beobachtungspunkten darüber entschieden wird, ob der Versuch weiter fortgesetzt werden soll oder ob eine Annahme oder Ablehnung der zu prüfenden Therapie bereits jetzt vorgenommen werden kann. Dieses Monitoring von klinischen Studien wird bisher wenig angewandt. Damit werden Angriffspunkte gegen die kontrollierten klinischen Studien geboten, die vermieden werden sollten.

Es ist wichtig zu betonen, daß die Statistik durchaus in der Lage ist, auch ein solches Monitoring nach exakten Grundsätzen durchzuführen und damit alle ethischen und medizinischen Voraussetzungen für die objektive wissenschaftliche Durchführung und Auswertung von kontrollierten klinischen Studien erfüllt werden können.

## 3.6 INTERPRETATION

Wie bereits erwähnt wurde, endet die Aufgabe der medizinischen Statistik nicht bei der Auswertung der Versuchsergebnisse klinischer Studien. Es gehört vielmehr mit zum Fachgebiet, auch bei der Interpretation dieser Ergebnisse mitzuwirken und hierfür objektive Methoden bereitzustellen. Es war das besondere Verdienst von Herrn KOLLER und seinen Mitarbeitern in Mainz, dieses Problem herausgestellt und entscheidende Beiträge zur Interpretation von Studien geleistet zu haben. Im Mittelpunkt dieser Aktivitäten standen seine Arbeiten zur Frage der Ätiologie oder Kausalität von Einflußgrößen für medizinische Phänomene. Diesem Thema war vor 15 Jahren auch die 7. Jahrestagung des "Arbeitsausschuß Medizin" in der Deutschen Gesellschaft für Dokumentation gewidmet, die von Herrn KOLLER in Mainz veranstaltet wurde. Im Einleitungsreferat hat er einen auch heute noch beachtenswerten Überblick über die Stellung der Statistik in der ätiologischen Forschung gegeben (15).

Die Bedeutung der ätiologischen Forschung für die klinischen Studien resultiert daher, daß in diesen Studien bestimmte Therapiemaßnahmen als Ursache für Heilung oder Schädigung aufgezeigt oder widerlegt werden sollen. Bei der Interpretation eines Therapieversuchs wird somit stets explizit oder implizit die Frage zu beantworten sein, ob in diesem Versuch die untersuchten Maßnahmen als Ursache für die Ergebnisse hinreichend deutlich erwiesen oder widerlegt werden konnten. Dies führt unweigerlich zur Diskussion der Frage, wann und ob überhaupt ein empirisch feststellbares oder manipulierbares Phänomen als Ursache eines anderen Phänomens bezeichnet werden kann.

Diese Frage hat zwei Komponenten: Eine philosophisch-erkenntnistheoretische Komponente und eine methodisch-naturwissenschaftliche Komponente. Im Rahmen der ersten Komponente ist der Begriff von Ursache und Wirkung, also der Begriff der Kausalität, zu klären; in der naturwissenschaftlich-methodischen Komponente sind Methoden und Verfahren zu entwickeln, die auf der Grundlage der naturwissenschaftlichen Denkweise einen Kausalzusammenhang zwischen verschiedenen Phänomenen nachweisen oder widerlegen können.

Der philosophische und naturwissenschaftliche Aspekt können nicht getrennt voneinander betrachtet werden. Vielmehr bedingen sich die beiden Auffassungen. Je nach der philosophisch-wissenschaftstheoretischen Definition eines Kausalzusammenhangs müssen die naturwissenschaftlichen Methoden eingesetzt werden. Andererseits ist eine philosophische Denkweise sinnlos, wenn sie sich nicht in reale, experimentelle oder denkanalytische Prozeduren umwandeln läßt, die eine Verifizierung des Begriffs anhand der Natur ermöglichen. Es ist deshalb erforderlich, daß sich auch der Statistiker mit dem Begriff der Kausalität auseinandersetzt.

Unser wissenschaftliches Denken und weitgehend auch unser nichtwissenschaftliches, alltägliches Verhalten und Überlegen ist seit Jahrhunderten von der Auffassung geprägt, daß jedes Phänomen eine Ursache haben muß. Als Ziel und Aufgabe der Wissenschaft wurde es angesehen, für möglichst viele Phänomene möglichst umfassende Auskunft über ihre Ursachen zu geben. Die weite Verbreitung und jahrhundertelange Anerkennung dieses Satzes, daß jedes Ereignis eine Ursache habe, ließ es und läßt es heute noch oft als absurd erscheinen, nach einer Begründung eines solchen Satzes zu fragen. In der Tat findet sich auch in der gesamten Philosophie-Geschichte keine solche Begründung. Der Satz wurde vielmehr als eine der unumstößlichen Grundlagen unseres Denkens angesehen, der keiner weiteren Begründung bedarf. KANT reiht ihn deshalb in die Gattung der *apriorischen Begriffe* ein, die für unser Denken notwendig sind, für die es aber keine weitere Begründung geben kann.

Erst seit Anfang unseres Jahrhunderts wurden begründete Zweifel geäußert, ob dieses "Kausalitätsprinzip" für unser Denken so absolut notwendig ist, wie es jahrhundertelang geglaubt wurde. Diese Bedenken wurden angeregt durch die neuen Entwicklungen der Quantenphysik und Relativitätstheorie sowie durch die jahrelangen Bemühungen um eine Grundlegung der Mathematik, die auch als Grundlagenkrisis der Mathematik bezeichnet wird. Man konnte zeigen, daß es eine Reihe von Phänomenen gibt, bei denen prinzipiell nicht entschieden werden kann, wie die Ursache für eine bestimmte Ausprägung des Phänomens aussieht. Zu diesen Phänomenen gehört etwa der Zustand eines Elementarteilchens, für den nur bestimmte Wahrscheinlichkeitsaussagen im Rahmen der Quantenphysik möglich sind. Auch die Frage nach dem Wellen- oder Korpuskelcharakter atomarer Phänomene gehört mit zu diesem Komplex. Die HEISENBERG'sche Unsicherheitsrelation ist ein bekannter Ausdruck für die Unentscheidbarkeit von Kausalursachen und Kausalphänomenen im Bereich der Quantenphysik.

Die Erkenntnis, daß es Situationen gibt, in denen sowohl die genaue Ausprägung als auch - damit verbunden - die Ursache von Phänomenen nicht festgestellt werden kann, hat Zweifel an der allgemeinen Notwendigkeit des Kausalprinzips als Denkprinzip aufkommen lassen. Diese

Zweifel gehen bereits auf den bekannten englischen Philosophen David HUME zurück, der zumindest die Komponenten der Notwendigkeit im Kausalitätsbegriff ablehnte (vgl. CARNAP (5)). Ich möchte auf diese philosophischen Aspekte nicht weiter eingehen. Ich würde damit sowohl das Thema als auch meine eigene Kompetenz überschreiten. Eine genaue Erörterung des Kausalprinzips und seiner Stellung im Rahmen der Wissenschaft ist für die Interpretation von klinisch-therapeutischen Versuchen zwar wünschenswert, muß aber nicht zu einer vollständigen Klärung geführt werden. Es genügt, wenn zumindest das wichtigste Phänomen, das mit dem Begriff der Kausalität verbunden ist, herausgestellt und aufgezeigt wird, welche biometrischen Aussagen in Bezug auf dieses Phänomen gemacht werden können.

Das wichtigste Phänomen der Kausalität hat CARNAP folgendermaßen formuliert:

"Kausalbezeichnung heißt Voraussagbarkeit. Das bedeutet nicht tatsächliche Voraussagbarkeit, weil niemand alle relevanten Tatsachen und Gesetze hätte kennen können. Es bedeutet Voraussagbarkeit in dem Sinn, daß man das Ereignis hätte voraussagen können, wäre die ganze vorhergehende Situation bekannt gewesen" (5, S. 192).

Wenn wir diese Erklärung der Kausalbeziehung von CARNAP mathematisieren, dann führt uns dies auf den Begriff der mathematischen Funktion oder - bei statistischen Phänomenen - auf den Begriff der *Regression*. Nun ist aber schon seit langem bekannt, daß zwischen zwei Ereignissen eine durchaus starke funktionelle Beziehung (Regression) und somit die Vorhersagbarkeit des einen Ereignisses aus dem anderen bestehen kann, ohne daß diese Beziehung im Sinn der landläufigen Meinung auch als Kausalbeziehung aufzufassen ist. Das in diesem Zusammenhang viel zitierte Beispiel ist die Beziehung zwischen der Storchenhäufigkeit und der Geburtenzahl in einem Gebiet. Die Geburtenzahl konnte zumindest früher (und kann es heute allmählich wieder) aufgrund der Storchenhäufigkeit verhältnismäßig gut vorausgesagt werden. Deshalb wird aber niemand der Meinung sein, daß die Störche die Kausalursache für die Geburt von Kindern darstellen. Weitere Beispiele für solche Regressionen, die im landläufigen Sinn aber keine Kausalität bedeuten, finden sich in der Übersichtsarbeit von KOLLER (15). Wir können daraus folgern, daß es für die Interpretation von statistischen Auswertungen nicht genügt, nur das Vorhandensein, den quantitativen Wert und die statistische Zuverlässigkeit einer Regression zwischen zwei Variablen festzustellen, sondern daß zusätzlich noch eine neue Qualität des Zusammenhangs angegeben werden sollte, die im landläufigen Sinn als kausal oder nicht kausal interpretiert werden kann.

Meiner Meinung nach war es bisher nicht möglich und wird auch in Zukunft kaum möglich sein, diese neue Qualität der Kausalität von Beziehungen positiv so zu definieren, daß daraus handhabbare Vorschriften abgeleitet werden können. Es ist aber durchaus möglich, eindeutige Kriterien für Fälle anzugeben, in denen zwar eine Voraussagbarkeit im Sinne einer Regression oder Korrelation, aber keine Kausalität besteht. Einen solchen Katalog von Negativkriterien für die Kausalität hat KOLLER in der bereits erwähnten Übersichtsarbeit zusammengestellt (15). Er hat dabei fünf Typen von Verknüpfungen zwischen Phänomenen aufgezeigt, die nicht als kausal im üblichen Sinne bezeichnet werden können:

- eine begrifflich/definitorische Verknüpfung
- die Beziehung zwischen einer Voraussetzung und Folgerung
- das Vorhandensein eines gemeinsamen, dritten Einflußfaktors, der beide Phänomene funktional bestimmt
- die Beziehung zwischen einem auslösenden Faktor oder katalysatorischen Faktor und dem ausgelösten Phänomen
- das Vorhandensein statistischer Fehler, die einen funktionalen Zusammenhang nur vortäuschen.

Dieser Katalog der Negativkriterien für Kausalzusammenhänge ist sicher noch nicht erschöpfend. KOLLER hat aber damit einen Weg gewiesen, wie die Interpretation von statistischen Auswertungen klinischer Studien im Rahmen der medizinischen Statistik objektiviert und präzisiert werden kann, so daß ein volles Ausschöpfen der im Versuch erlangten Informationen für die klinische Fragestellung möglich ist. Dieser Weg sollte im Rahmen unseres Fachgebietes weiter beschritten werden.

Daß eine solche Interpretation nur über einen Negativkatalog objektiviert werden kann, hat seine Analogie in der allgemeinen Prozedur bei Signifikanztests, in der auch die gewünschte Fragestellung durch den statistischen Test nicht verifiziert, sondern die unerwünschte Nullhypothese durch den Test abgelehnt wird. Auch dabei wird also im Rahmen der Statistik primär die Negativaussage objektiviert. Hier zeigen sich

Beschränkungen der statistischen Methode, die aber nicht allein der statistischen Methode anhaften, sondern generell für jede objektive, erkenntniskritische Methode gelten. Es besteht deshalb kein Grund, die Statistik nicht zu verwenden oder auf jede wissenschaftliche, objektivierbare Forschung zu verzichten. Dies hat KOLLER in der erwähnten Arbeit bereits klar und deutlich ausgedrückt, indem er schreibt: "Wir sehen also die beschränkte Aussagemöglichkeit der Statistik klar vor uns. Es gibt aber keine anderen Wege, die mehr leisten. Trotz aller Schwierigkeiten bei der Deutung der Ergebnisse ist die Statistik das entscheidende Prüfverfahren für ätiologische Zusammenhänge".

## LITERATURVERZEICHNIS

1.) ARMITAGE, P.:
Tests for linear trends in proportions and frequencies
Biometrics 11, 375-386 (1955)

2.) ARMITAGE, P.:
Sequential Medical Trials
Blackwell Scientific Publications, Oxford, 1960

3.) BERKSON, J.:
Application of the logistic function to bioassay
JASA 39, 357-365 (1944)

4.) CANNER, P.L.:
Monitoring treatment differences in long-term clinical trials
Biometrics 33, 603-616 (1977)

5.) CARNAP, R.:
Einführung in die Philosophie der Naturwissenschaft
Sammlung Dialog 36, Nymphenburger Verlagshandlung, München, 1969

6.) CHIANG, C.L.:
Introduction to Stochastic Processes in Biostatistics
Wiley, New York, 1968

7.) COX, D.R.:
Analysis of Binary Data
Methuen & Co, Ltd., London, 1970

8.) COX, D.R.:
Regression models and life-tables
J.Roy.Stat.Soc., Ser. B. 34, 187-220 (1972)

9.) CORNFIELD, J.:
Sequential trials, sequential analysis and the likelihood principle
The American Statistican 20, 18-23 (1966)

10.) DOST, F.H.:
Grundlagen der Pharmakokinetik
Thieme Verlag, Stuttgart, 2. Aufl. 1968

11.) FELDMANN, U., SCHNEIDER, B.:
A general approach to multicompartment analysis and model for the pharmacodynamics
S. 243-279 in: BERGER, J., BÜHLER, W., REPGES, R., TAUTU, P., (Hrsg.): Mathematical Models in Medicine. Lecture Notes in Biomathematics 11
Springer-Verlag, Berlin-Heidelberg-New York, 1976

12.) FELLER, W.:
Die Grundlagen der Volterraschen Theorie des Kampfes ums Dasein in wahrscheinlichkeitstheoretischer Behandlung
Acta Biotheoretica 5, 1-40 (1939)

13.) FINCKE, M.:
Arzneimittelprüfung, Strafbare Versuchsmethoden
C.F. Müller Juristischer Verlag, Heidelberg - Karlsruhe 1977

14.) GILBERT, J.P., SARACCI, R., MEIER, O., ZELEN, M., RÜMKE, C.L., WHITE, C.:
Report of the committee for the assessment of biometric aspects of controlled trials of hypoglycemic agents
J.Amer.med.Ass. 231, 583-608 (1975)

15.) KOLLER, S.:
Einführung in die Methoden der ätiologischen Forschung, Statistik und Dokumentation
Meth.Inf.Med. 2, 1-12 (1963)

16.) KOLLER, S.:
Angriffe auf den Fortschritt der Medizin
Fortschr.Med. 42, 2570-2574 (1977)

17.) LAPLACE, T.S.:
Théorie analytique des probabilités
Paris, 2. Aufl. 1814

18.) MARTINI, P.:
Methodenlehre der therapeutisch klinischen Forschung
Springer-Verlag, Berlin, 1. Aufl. 1931

19.) MARTINI, P., OBERHOFFER, G., WELTE, E.:
Methodenlehre der therapeutisch klinischen Forschung
Springer-Verlag, Heidelberg, 4. Aufl. 1968

20.) MICHAELIS, L., MENTEN, M.:
Biochem. 49, 333 (1913)

21.) MOESCHBERGER, M.L., DAVID, H.A.:
Life tests under competing causes of failure and the theory of competing risks
Biometrics 27, 909-933 (1971)

22.) Revidierte Deklaration von Helsinki
S. 71-78 in: Bundesverband der Pharmazeutischen Industrie (Hrsg.): Pharma-Kodex, Dezember 1976

23.) SCHNEIDER, B.:
Probitmodell und Logitmodell in ihrer Bedeutung für die experimentelle Prüfung von Arzneimitteln
Antibiot.et Chemother. 12, 271-286 (1964)

24.) University Group Diabetes Program:
A study of the effects of hypoglycemic agents on vascular complications in patients with adult-onset-diabetes. II Mortality Results
Diabetes 19 (Suppl. 2), 787-830 (1970)

25.) VERHULST, P.F.:
Notice sur la loi que la population mit dans son accroissement
S. 113-121 in: Correspondance mathématique et physique publiée par A. Quetelet, Tome X, 1838

# STATISTISCHE ANALYSEN VON VERLAUFSBEOBACHTUNGEN

Lothar Horbach, Erlangen

## 1. ALLGEMEINE PROBLEMSTELLUNG

Erkrankungen sind in der Zeit ablaufende Prozesse. Je mehr statistische Methoden als objektive Beurteilungsverfahren und Entscheidungshilfen in die Medizin Eingang finden, umso mehr wird man sich den speziellen biometrischen Problemen der Verlaufsbeurteilung in der Beobachtungsplanung und in der Auswertung widmen müssen.
Diese Notwendigkeit ergibt sich auch immer wieder aus der Praxis der statistischen Beratung im Rahmen eines medizinischen Fachbereichs.

Die Berücksichtigung des Zeitfaktors macht eine statistische Analyse keineswegs leichter. Ständig registrierte oder in einer bestimmten Meß- oder Beobachtungsfolge erfaßte Variablen sind in ihrer Ausprägung an aufeinanderfolgenden Zeitpunkten mehr oder weniger stark voneinander abhängig, und eine statistische Abhängigkeit erschwert - wie man weiß - schon einfachste Ansätze der Wahrscheinlichkeitsrechnung.
Im Rahmen dieser Darstellung ist es nicht möglich, eine vollständige und systematische Übersicht über in der Literatur angegebene Planungs- bzw. Auswertungsmodelle zu geben. Der Problembereich reicht von der Dauerregistrierung sogenannter Biosignale, wie z.B. dem EKG in der Intensivmedizin, bis zu Follow-up-Studien nach eingreifenden therapeutischen Maßnahmen über Jahre hinweg, z.B. nach Herzoperationen.
Ich möchte hier, von sachlichen Fragestellungen ausgehend, exemplarisch nur auf einige am Erlanger Institut bearbeitete und für die Medizin relevant erscheinende Probleme der Verlaufsanalyse eingehen.

## 2. LANGZEITIGE EKG-REGISTRIERUNGEN

Die Biosignalverarbeitung wird im Rahmen dieses Kolloquiums in anderen Vorträgen (SCHÖLMERICH, DUDECK) eingehender behandelt. Ich möchte hier nur ein Meßproblem herausgreifen, das wir in Erlangen in Zusammenarbeit mit dem Institut für Nachrichtentechnik behandeln, und zwar die Langzeitregistrierung des EKG mit der Auswertung hinsichtlich Frequenz und Rhythmus. Selbstverständlich ist die Ausmessung eines EKG, das über mehrere Stunden auf Band aufgenommen wird, nicht mit derselben hohen Auflösung möglich, wie sie zur Formanalyse mit einer Schreibung über größenordnungsmäßig 10 sec durchgeführt wird; die dabei entstehende Datenmasse wäre nicht zu bewältigen. Man muß hier die Ausmessung auf die notwendigsten Merkmale, die mit dem Rhythmus verknüpft sind, beschränken.

Als erste Lösung wurde im Rahmen einer Diplomarbeit ein Mikroprozessor gebaut, der die RR-Abstände von langzeitig registrierten EKGs mittels einer gegenüber technischen Störungen und Unregelmäßigkeiten der Ableitung sehr robusten Triggerschaltung ausmißt (VARY und STINY (18)). Für die anschließende digitale Verarbeitung sind drei Auswertungsprozeduren verdrahtet programmiert:

- Häufigkeitsverteilung der RR-Abstände mit einer Auflösung von 20 ms. Über einen Tischrechner kann ein Plotter gesteuert werden, der das Resultat einer Analyse als Histogramm darstellen kann (Abb. 1).

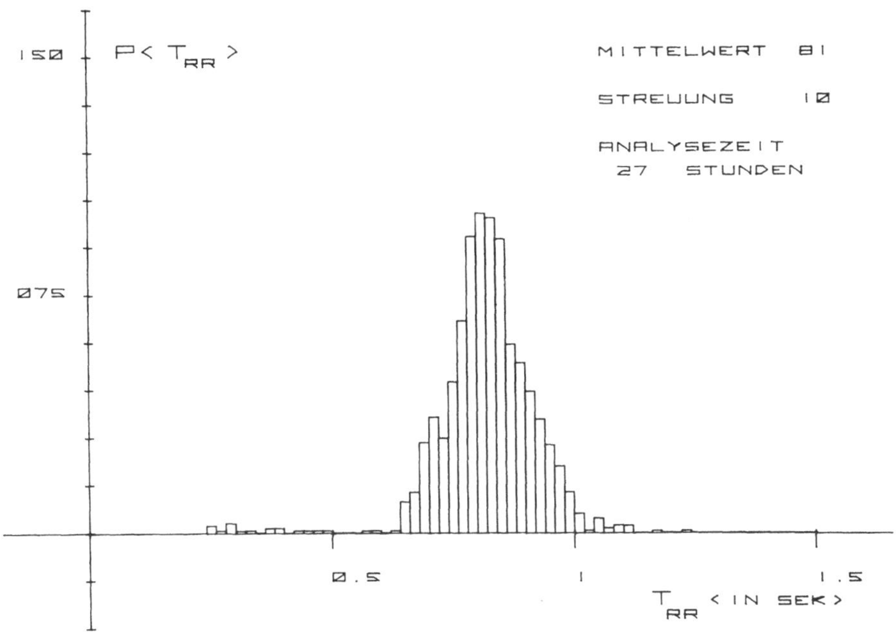


Abb. 1 Verteilung der RR-Abstände nach längerer EKG-Registrierung

Es ist bekannt, daß man bei Vorliegen von Vorhofflimmern mehrgipflige Verteilungen erhalten kann, d.h. es ergeben sich bestimmte aufeinanderfolgende Zeitintervalle mit bevorzugter Überleitung (Abb. 2), die durch die sogen. verborgene Leitung erklärt werden können (MOE, MENDEZ, ABILDKOV (12); HORBACH (5)). Durch die apparativen Möglichkeiten dieses Mikroprozessors haben wir erstmals die Möglichkeit, größere Serien von Fällen zu untersuchen und statistisch für bestimmte Fragestellungen - z.B. zur therapeutischen Beeinflussung des Vorhofflimmerns - auszuwerten.

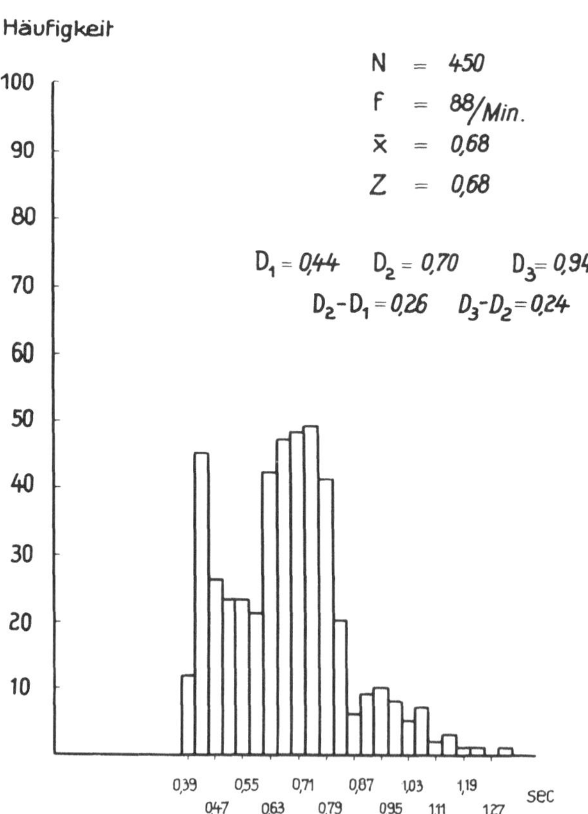


Abb. 2 Multimodale Verteilung der RR-Abstände nach längerer EKG-Registrierung bei Vorhofflimmern

- Mittelwerte der Pulsfrequenz für aufeinanderfolgende Zeitintervalle, z.B. von 1 Minute Dauer. Die Zahl der Herzschläge pro Zeiteinheit wird festgestellt, die Umrechnung in die Pulsfrequenz in diesem Intervall erfolgt per Programm. Diese Betriebsart ist besonders für sport- und arbeitsmedizinische Aufgaben, z.B. für die telemetrische Pulsfrequenzüberwachung, von Interesse.
- Schlag- zu Schlag-Auswertung zur Kennzeichnung des Pulsfrequenzverhaltens über kürzere Zeitabschnitte. Jeder einzelne RR-Abstand wird durch die aequivalente Pulsfrequenz dargestellt und kann als Folge ausgeplottet werden.

Dieser ad hoc entwickelte Mikroprozessor hat den großen Vorteil, daß er wesentlich schneller bei den einzelnen Betriebsarten arbeitet als dies mit dem Prozeßrechner (PDP 11/30), der zur Entwicklung der Programme benutzt wurde, möglich war. Bei einer maximalen Dauerregistrierung von 45,5 Stunden beträgt die Auswertungszeit zur Feststellung der Häufigkeitsverteilung der RR-Intervalle 85 Minuten. Zur Zeit werden größere vergleichende Reihenuntersuchungen geplant, in denen der entwickelte Apparat eingesetzt werden soll. Vor allem sind technische Weiterentwicklungen des Apparates vorgesehen, insbesondere die Erfassung einiger Formelemente des EKG, wie z.B. die Breite des QRS-Komplexes, mit dem Ziel, eine apparative Arrhythmiediagnostik bei elektrokardiographischen Langzeitregistrierungen stufenweise zu erarbeiten.

## 3. STATISTISCHE ANALYSE VON KURVENSCHAREN

Eine typische Verlaufsproblematik ergibt sich bei Beobachtungsdaten über die Reaktion eines Patienten oder Probanden auf eine Belastung, z.B. eine Glukoseinfusion, einen Streß u.ä. In der diagnostischen Routine können meist nur wenige Meßpunkte erfaßt werden. Wenn man allgemein von dem Effekt einer Belastung spricht, so setzt diese Aussage die Untersuchung einer Vielzahl von Einzelverläufen, d.h. die Beobachtung der Verlaufsschar einer Stichprobe aus einer definierten Grundgesamtheit, voraus. Verschiedenartige Hypothesen können an solchen Kurvenscharen geprüft werden. In der reichhaltigen Literatur aus den letzten Jahren, über die FERNER (3) auf dem letzten Biometrischen Kolloquium der Region Oesterreich und Schweiz im September 1977 in Krems eine sehr prägnante Übersicht gegeben hat, werden vor allem die Fragen behandelt:

- Treten Veränderungen der Mittelwertkurve einer Kurvenschar im Laufe der Zeit überhaupt auf ?

- Sind beim Vergleich zweier oder mehrerer Kurvenscharen Unterschiede im Niveau und/oder in der Kurvenform festzustellen ?

Als parametrisches Modell der Auswertung wird die multivariate Varianzanalyse (MANOVA) nach dem von MORRISON (13) angegebenen Vorgehen, der sogen. Profilanalyse, vorgeschlagen. Um zu prüfen, ob zeitabhängige Veränderungen in einer Kurvenschar eintreten, betrachtet man die auf die einzelnen Fälle bezogenen Vektoren der zwischen K Zeitpunkten zu berechnenden K-1 Wertdifferenzen. Die Nullhypothese, daß im Mittel ein Nullvektor vorliegt, läßt sich mittels HOTELLING's $T^2$ testen. Weiter lassen sich Einzeldifferenzen gegen Null oder Gruppierungen von Differenzen gegeneinander nach SCHEFFÉ prüfen. Bei Kurvenscharen vergleichbarer Stichproben interessieren die Hypothesen von Form- und Niveauunterschieden der Kurven. Die Parallelität der Profile der Kurvenscharen zweier Gruppen wird geprüft, indem die Vektoren der Differenzen benachbarter Werte beider Kurvenscharen mittels HOTELLING's $T^2$-Statistik gegeneinander getestet werden. Bei Parallelität wird das Niveau der Kurvenscharen durch die Mittelwerte der Individualkurven gekennzeichnet. Der Gruppenvergleich kann durch den t-Test bei 2 Gruppen bzw. durch die einfache Varianzanalyse bei $>$ 2 Gruppen getestet werden. Voraussetzungen für diese Auswertungsmodelle sind synchronisierbare, aequidistante Beobachtungszeitpunkte der Individualverläufe, außerdem homogene Kovarianzmatrizen.

Für den Fall, daß die Voraussetzungen an die Normalverteilung der Beobachtungswerte und an die Beziehungen zwischen den einzelnen Zeitpunkten, die durch die Kovarianzmatrizen gekennzeichnet werden können, nicht erfüllt sind, hat KOCH (10) ein analoges nichtparametrisches multivariates Verfahren angegeben. Niveauhomogenität und Formhomogenität können damit getestet werden. Zum Vergleich der Formhomogenität von Verlaufskurven wurden weitere nichtparametrische Verfahren von KRAUTH (11) - Betrachtung von Vorzeichen - Vektoren - sowie von IMMICH und SONNEMANN (9) - Betrachtung von Rangvektoren - vorgeschlagen.

Es ist notwendig, womöglich in Voruntersuchungen (Pilot-Studien), die Voraussetzungen für die Verwendung dieser Auswertungsmodelle zu prüfen. Als erster Schritt einer Auswertung hat sich bei uns bewährt, mittels eines Plotters (Programmierung: PRESTELE) ein Diagramm der Kurvenschar der Einzelverläufe aller oder einer Stichprobe von Fällen anzufertigen.

Abb. 3 zeigt eine derartige Kurvenschar von systolischen Blutdruckwerten aus einem Belastungsversuch, der im Rahmen einer epidemiologischen Studie über die Wirkung von Fluglärm auf die Anwohner eines großen Zivilflughafens durchgeführt wurde (2). Nach einer Vorbeobachtungsperiode in Ruhe von 5 Minuten, in der sich der systolische Blutdruck auf ein gleichbleibendes Niveau einstellte, wurden die Probanden mit Kopfrechnen beschäftigt. Der überwiegende Teil der Probanden zeigt einen deutlichen Anstieg im Verlauf nach der Belastung; die Erhöhung um 15 bis 20 mm Hg zeigt sich auch in der eingezeichneten Mittelwertskurve. Einige Ausreißer sind erkennbar. Zur Erkennung der Rückbildung der Blutdruckerhöhung ist die Beobachtungszeit zu kurz. Bei den diastolischen Blutdruckwerten sind die Effekte weniger deutlich.

Den Nachweis des im allgemeinen blutdrucksteigernden Effektes des Kopfrechnens läßt sich, ohne auf die zuvor erwähnten sehr rechenintensiven Verfahren zurückzugreifen, auf eine sehr einfache Weise führen, wenn man ein von WILDER (19) bereits im Jahre 1931 veröffentlichtes Vorgehen befolgt. Aus den letzten zwei Ruhewerten wird der Mittelwert als Ausgangswert berechnet und die Fläche zwischen den Folgewerten und der Ausgangslinie als sogen. Reaktionsfläche geschätzt (Abb. 4). Hierbei können u.U. auch nicht aequidistante Beobachtungsintervalle Berücksichtigung finden.

Abb. 5 zeigt die Verteilung der Reaktionsflächen des systolischen Blutdrucks. Es läßt sich leichter prüfen, ob der Mittelwert gesichert von Null verschieden ist, z.B. durch einen WILCOXON-Test für verbundene Stichproben.

Für diesen Fall wurde auch das sogen. Ausgangswertgesetz von J. WILDER überprüft, das besagt, daß eine Reaktion umso geringer ausfällt, je höher der Ausgangswert ist. Dieses "Gesetz" wurde von WILDER in seiner Originalarbeit nur kasuistisch belegt und ist auch in seiner Formulierung angreifbar. Es ist vorstellbar, daß für eine bestimmte Leistung eine bestimmte Höhe einer Variablen, z.B. des Blutdrucks, erforderlich ist. Dann muß zwangsläufig bei einer höheren Ausgangslage ein geringer Effekt, sofern dieser mittels der soeben definierten Reaktionsfläche gemessen wird, eintreten; auch Meßfehler bei den Ausgangswerten könnten sich derart auswirken. Wir finden im vorliegenden Fall jedoch das Gegenteil des WILDER'schen "Gesetzes", und zwar eine positive Korrelation zwischen Ausgangswerten und Reaktionsflächen (Abb. 6).

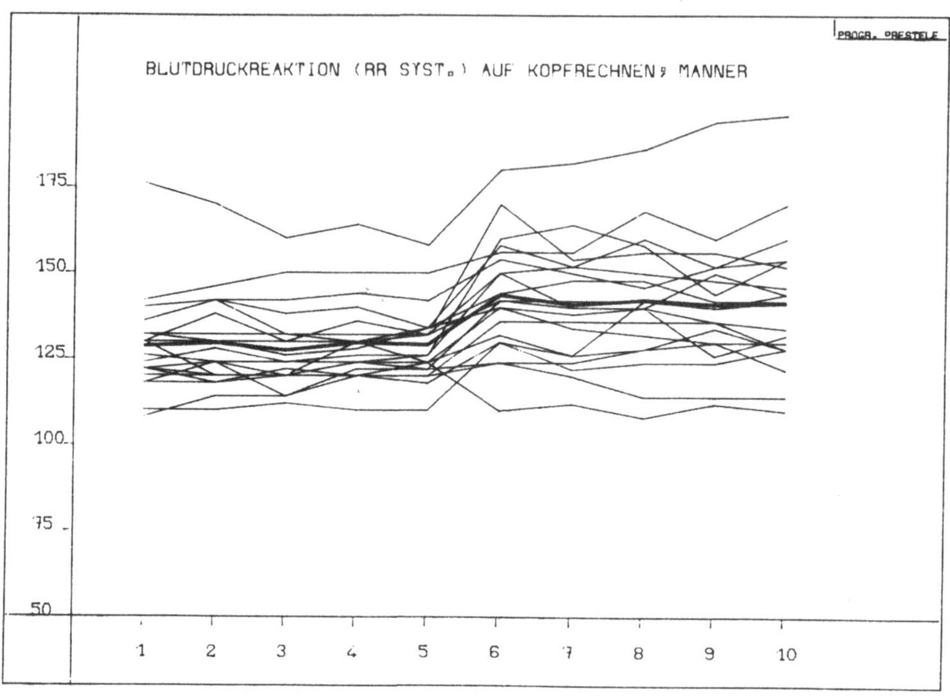


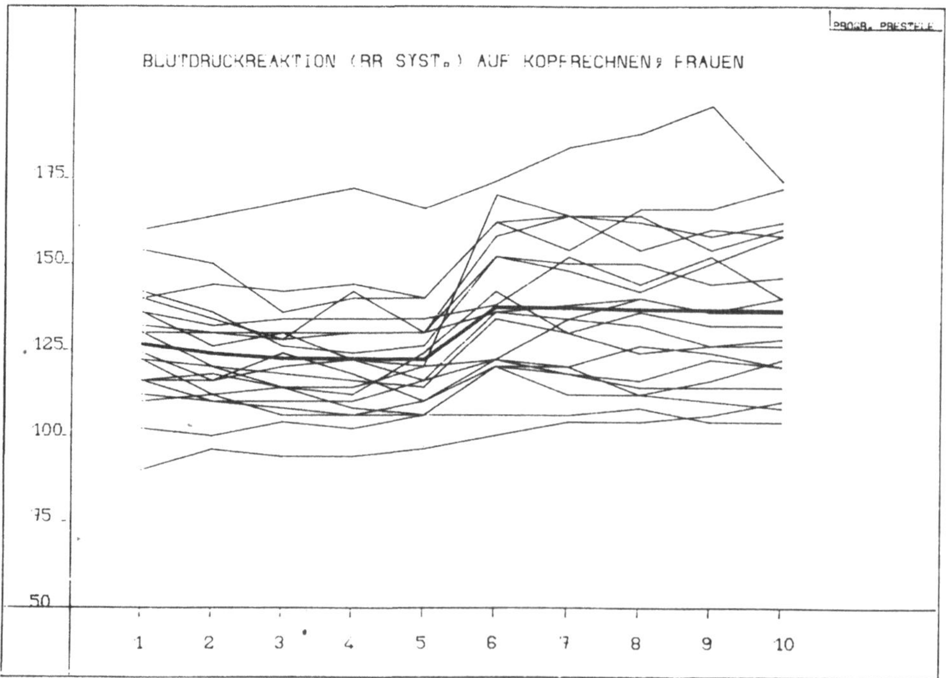


Abb. 3 Plotdiagramme der Kurvenscharen von Einzelverläufen des systolischen Blutdrucks bei Belastung durch Kopfrechnen von 20 Männern und 20 Frauen aus einer epidemiologischen Studie (2)

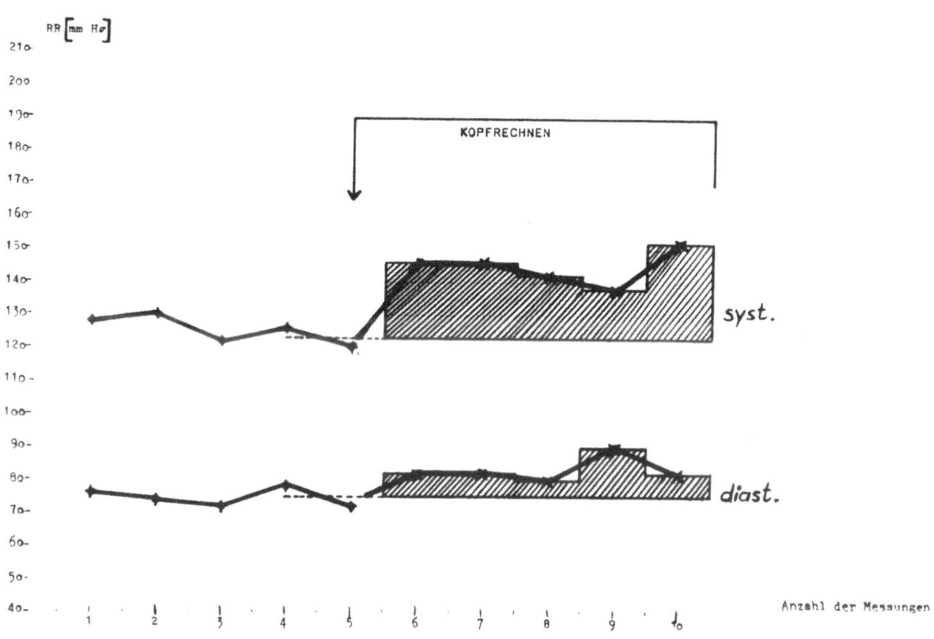


Abb. 4 Graphische Darstellung der Bestimmung der Reaktionsfläche eines Einzelverlaufs

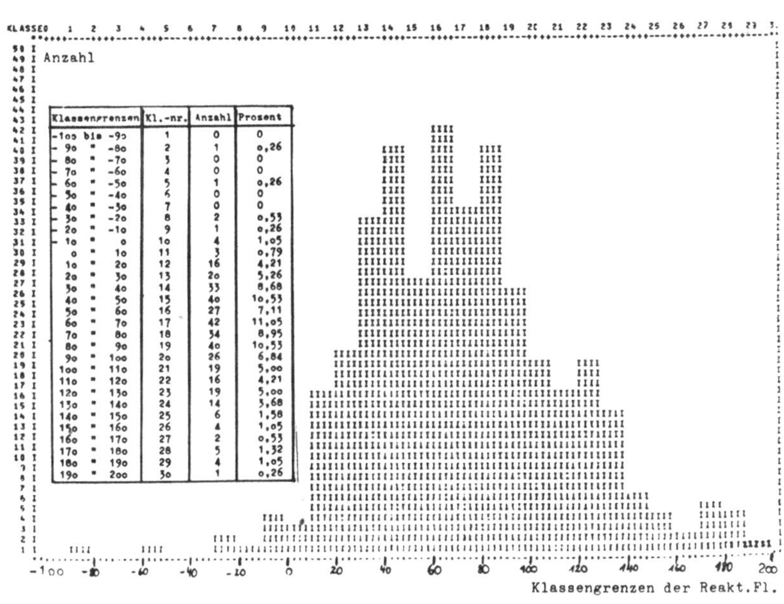


| Klassengrenzen | Kl.-nr. | Anzahl | Prozent |
|---|---|---|---|
| -100 bis -90 | 1 | 0 | 0 |
| - 90 " -80 | 2 | 1 | 0,26 |
| - 80 " -70 | 3 | 0 | 0 |
| - 70 " -60 | 4 | 0 | 0 |
| - 60 " -50 | 5 | 1 | 0,26 |
| - 50 " -40 | 6 | 0 | 0 |
| - 40 " -30 | 7 | 0 | 0 |
| - 30 " -20 | 8 | 2 | 0,53 |
| - 20 " -10 | 9 | 1 | 0,26 |
| - 10 " 0 | 10 | 4 | 1,05 |
| 0 " 10 | 11 | 3 | 0,79 |
| 10 " 20 | 12 | 16 | 4,21 |
| 20 " 30 | 13 | 20 | 5,26 |
| 30 " 40 | 14 | 33 | 8,68 |
| 40 " 50 | 15 | 40 | 10,53 |
| 50 " 60 | 16 | 27 | 7,11 |
| 60 " 70 | 17 | 42 | 11,05 |
| 70 " 80 | 18 | 34 | 8,95 |
| 80 " 90 | 19 | 40 | 10,53 |
| 90 " 100 | 20 | 26 | 6,84 |
| 100 " 110 | 21 | 19 | 5,00 |
| 110 " 120 | 22 | 16 | 4,21 |
| 120 " 130 | 23 | 19 | 5,00 |
| 130 " 140 | 24 | 14 | 3,68 |
| 140 " 150 | 25 | 6 | 1,58 |
| 150 " 160 | 26 | 4 | 1,05 |
| 160 " 170 | 27 | 2 | 0,53 |
| 170 " 180 | 28 | 5 | 1,32 |
| 180 " 190 | 29 | 4 | 1,05 |
| 190 " 200 | 30 | 1 | 0,26 |

Abb. 5 Verteilung der Reaktionsflächen des systolischen Blutdrucks nach Belastung und Kopfrechnen bei 390 Männern und Frauen

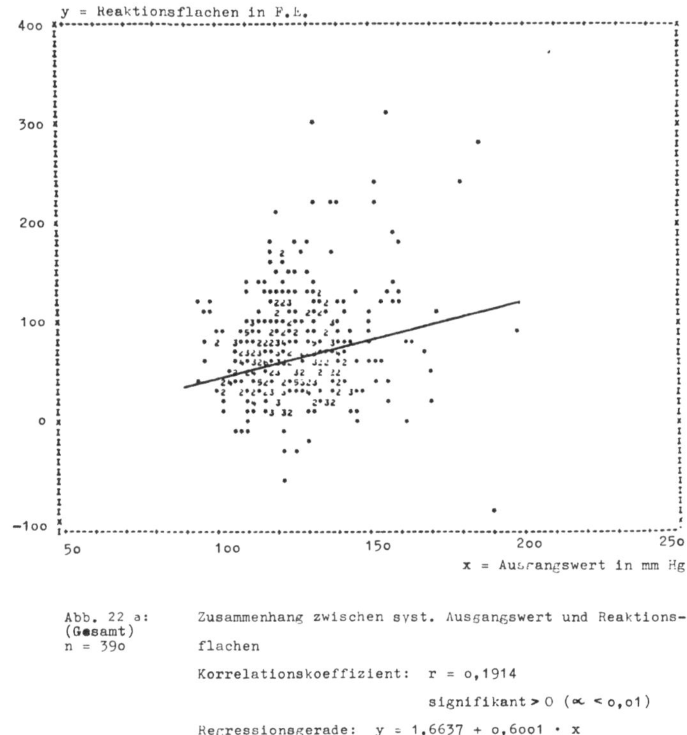


Abb. 6 Regression zwischen systol. Ausgangswert und Reaktionsflächen (RR syst.)

In manchen Fällen, insbesondere bei einer nicht ausreichenden Vorbeobachtungsperiode, wird es vorteilhafter sein, die gesamte Fläche zwischen dem Kurvenzug und der Abszisse als Maß für den zu beurteilenden Effekt zu nehmen (RIEDWYL (16)), d.h. die Mittelwerte der individuellen Kurven.

Bei den eingangs genannten Verfahren, bei denen Beobachtungswerte in aequidistanten Zeitintervallen berücksichtigt werden, ist die Überlegung wichtig, daß man eigentlich einen in der Zeit stetig ablaufenden Prozeß zu beurteilen hat, bei dem die Zahl der Meßwerte im allgemeinen nur durch die Meßtechnik bzw. deren Wiederholbarkeit bzw. durch den möglichen Untersuchungsaufwand beschränkt ist. Den Beobachtungsintervallen bzw. der Zahl der Messungen muß bei noch unbekannten Verlaufsformen besondere Beachtung geschenkt werden. In klinischen Vorläufen werden die Beobachtungsintervalle oft von den Arbeitsumständen, z.B. der Blutabnahme, bestimmt. Dieses Vorgehen führt nicht immer zur besten Erfassung des tatsächlichen Verlaufs. Hier besteht noch ein Mangel an theoretisch begründeten Regeln zur Anpassung der Beobachtungsfolge an den zu beurteilenden Prozeß. Für die Praxis wichtig sind Pilot-Untersuchungen an wenigen Fällen mit möglichst dichter Beobachtungsfolge, um grundsätzliche Verlaufsformen zu erkennen und danach die Beobachrungsfolge festzulegen.

Bei manchen Stoffwechseluntersuchungen ist heute schon eine fortlaufende Registrierung, z.B. des Blutspiegels einer Variablen, möglich. Hier tritt nur noch eine Diskretisierung der Meßwerte durch die Auflösung bei der Digitalisierung der Kurven ein. Die Berücksichtigung von einzelnen Meßwerten bzw. Differenzen benachbarter Meßwerte zur Formanalyse verliert hier ihren Sinn. Vielmehr ist hier eine Betrachtung von Kurvenabschnitten sinnvoll mit Datenreduktion, z.B. im Sinne der Bestimmung von Reaktionsflächen, evtl. abschnittsweise, ein Vorgehen, das z.B. bei Diureseuntersuchungen bei laufendem Urinsammeln angemessen erscheint (HORBACH, MICHAELIS, NEUHAUS, PRAETORIUS, KAUFMANN, DÜRR (6)). Die Datenreduktion ist allein schon wichtig zur Begegnung der Problematik multipler Tests. Außer der Fläche, die ein Gesamtmaß für eine Reaktion darstellt, interessieren den Untersucher das Ausmaß der Überschreitung gewisser Grenzwerte (über welche Zeitspanne ?), Ausmaß und Zeitpunkt des Maximums usw. Die eleganteste Lösung stellt die Darstellung der Einzelkurven durch einen analytischen Ausdruck mit wenigen Parametern dar.

Aber nur in Ausnahmefällen, z.B. in der Pharmakokinetik, gelingt es, einen Ablauf in der Zeit von den eigentlichen Vorgängen her zu erfassen, z.B. durch das Einströmen eines Antibiotikums in die verschiedenen Flüssigkeitsräume des Organismus und die Ausscheidung bzw. den Abbau. Aufgrund eines Kompartment-Modells lassen sich die Vorgänge durch Differentialgleichungen beschreiben. Als Ergebnis findet sich bei der i.m.-Applikation eines Antibiotikums die BATEMAN-Funktion, welche den Verlauf der Blutkonzentration darstellt. Eine stochastische Komponente ist dabei durch den Meßfehler gegeben, der bei der Berechnung der Parameter ($k_1$ = Invasionskonstante und $k_2$ = Eliminationskonstante) der Funktion berücksichtigt werden muß. $k_1$ und $k_2$ sind einfach und plausibel interpretierbar und kennzeichnen unter wirksamer Datenreduktion den gesamten Verlauf (Abb. 7).

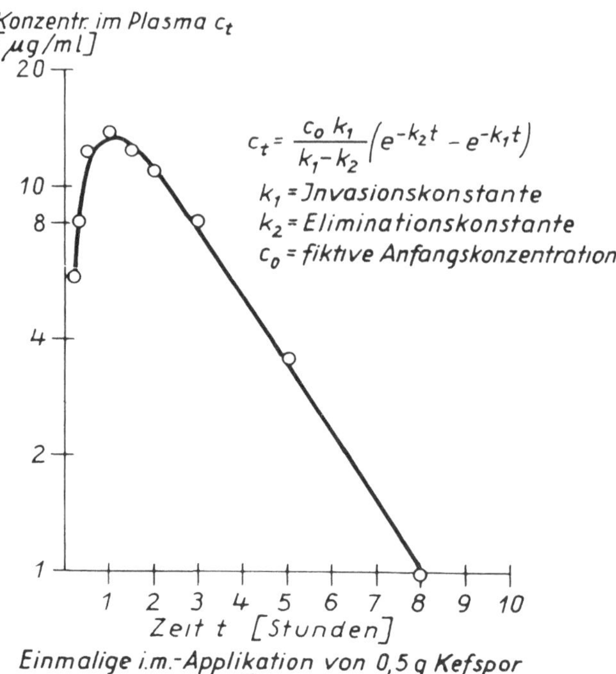


Abb. 7 Darstellung des Blutspiegelverhaltens eines Antibiotikums nach i.m.-Applikation durch die BATEMAN-Funktion (Daten von D. HÖFLER, Mainz)

Von dieser Möglichkeit, aus der Betrachtung der elementaren Vorgänge selbst zu einem analytischen Ausdruck zu kommen, der den zeitlichen Ablauf darstellt, sind wir bei den meisten in ihren Verlauf zu beurteilenden Variablen weit entfernt. Zur Verlaufsdarstellung kommen lediglich deskriptive Funktionen, z.B. nach dem Vorschlag von KRAUTH (11) orthogonale Polynome, in Betracht; der Test kann durch einen Koeffizientenvergleich erfolgen. In neuerer Zeit werden in immer stärkerem Maße Spline-Funktionen zur interpolierenden Darstellung von Beobachtungsfolgen angewendet (PRESTELE (15)). Sie eignen sich auch zur Interpolation von Kurvenzügen mit starken Krümmungen und können zur exakteren Bestimmung von Maxima und Flächenintegralen benutzt werden.

## 4. PROGNOSTISCHE ANSÄTZE

In der modernen Medizin sind schwere Krankheitszustände in den Bereich der therapeutischen Beeinflußbarkeit gerückt, die früher schicksalhaft zum Tode geführt haben. Derartige eingreifende Behandlungsmaßnahmen, wie z.B. in der Herzchirurgie, Krebschirurgie, Gefäßchirurgie oder in der zytostatistischen oder Strahlentherapie der Krebskrankheiten, sind mit höheren Risiken verbunden. Die zu erwartenden Ergebnisse müssen in einem günstigen Verhältnis zu den Belastungen und Risiken der Patienten stehen. Unter allen Umständen muß sich der Arzt Aufschluß verschaffen über die Behandlungsresultate, und zwar nicht nur in der Zeit der stationären Behandlung, sondern auch auf längere Sicht, nicht nur aufgrund von Eindrucksurteilen, sondern aufgrund planvoll dokumentierter Daten und einwandfreier statistischer Auswertungen. Wir erleben in der statistischen Beratungspraxis, daß die verantwortlichen Ärzte ein hohes Interesse daran haben, mit unserer Hilfe solche Follow-up-Untersuchungen durchzuführen. Beobachtungsplanung, Organisation der Nachuntersuchungen, Datenerfassung und -auswertung für Verlaufsstudien nach schwerwiegenden therapeutischen Maßnahmen sind für die Medizin außerordentlich relevante Aufgaben unseres Faches.

Aus den vielseitigen Fragestellungen, die sich bei Verlaufsstudien ergeben, möchte ich nur einen Ansatz herausgreifen, den ich zusammen mit meinem Mitarbeiter GUNSELMANN am Beispiel einer therapeutischen Herzinfarktstudie, an der viele Kliniken beteiligt waren, erprobt habe.

Es standen Beobachtungsdaten aus der stationären Behandlungsphase zur Verfügung; für diesen Behandlungszeitraum war eine Letalität von 22.9% zu verzeichnen. Unabhängig von der eingeschlagenen Therapie wurden folgende Fragen gestellt:

- Wie unterscheiden sich die gestorbenen Patienten von den Überlebenden der stationären Phase hinsichtlich der Ausgangsbefunde ?

- Wie lassen sich die Ausgangsbefunde evtl. prognostisch verwerten ?

Eine erste zu klärende Frage war die, ob die Aufnahmewerte der einzelnen Patienten hinsichtlich der Erkrankungsphase vergleichbar, d.h. synchronisiert sind. Nach dem im Untersuchungsprotokoll festgelegten Ausschlußkatalog wurden alle Patienten von der Studie ausgeschlossen, bei denen das Infarktereignis länger als 72 Stunden zurücklag. Innerhalb dieser Zeitspanne ergab sich die Verteilung der Zeitdauern vom Infarktereignis bis zur Klinikaufnahme, die in Abb. 8 enthalten ist.

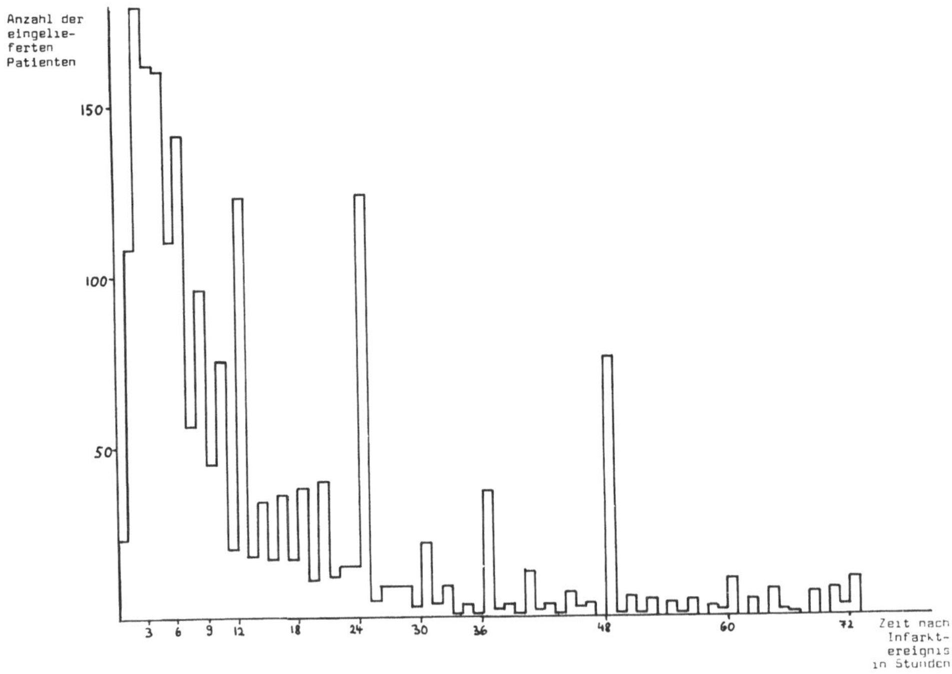


Abb. 8 Verteilung der Zeitdauern vom Infarktereignis bis zur Klinikeinlieferung bei 1990 Fällen einer therapeutischen Herzinfarktstudie

Abgesehen von einigen Rundungsfehlern ergibt sich, daß die Masse der Patienten am ersten Halbtag nach dem Infarktereignis aufgenommen wurde. Nach kardiologischen Überlegungen wurde ein Schnitt nach einer Latenz von 4 Stunden gelegt; alle bis dahin erfolgten Aufnahmen wurden als Frühaufnahmefälle, alle später Aufgenommenen als Spätaufnahmefälle bezeichnet. Bei den Spätaufnahmen ist die Letalität im stationären Verlauf deutlich günstiger (21,6% bei 1518 Spätaufnahmen gegenüber 27,1% der 472 Frühaufnahmen). Zweifellos fehlen bei den Spätaufnahmefällen die perakuten Infarkte, die in den ersten 4 Stunden nach dem Ereignis zu Hause gestorben sind.

Nach diesem ersten Kriterium, das die Ausgangssituation kennzeichnet, wurde der Einfluß der Ausprägung einer Reihe weiterer Variablen, die bei Klinikaufnahme bestimmt wurden, überprüft. Die beobachteten Verläufe wurden nach der Ausprägung dieser Variablen geschichtet und die Letalitäten innerhalb der Schichten festgestellt. Für die prognostische Wertigkeit spielen zwei Gesichtspunkte eine Rolle: die Auswirkung einer pathologischen Ausprägung auf das Therapieergebnis und die Häufigkeit dieser pathologischen Ausprägung. Eine besondere Schwierigkeit ergab sich für die Behandlung von Meßdaten aus verschiedenen Kliniken. Es zeigten sich - bei vergleichbaren Krankheitsfällen - von Klinik zu Klinik starke Unterschiede der Verteilungen der Werte, in einzelnen Fällen wegen der Anwendung unterschiedlicher Meßverfahren, meist aber durch voneinander abweichende Eichungen. Zur Erlangung einer Vergleichbarkeit im Interesse einer zusammenfassenden Auswertung wurden klinikweise Quantile bestimmt und die aufsteigenden Wertebereiche dieser Quantile mit natürlichen Zahlen belegt.

Die Zusammenfassung aller prognostisch relevanten Variablen zu einer kennzeichnenden Größe kann in verschiedener Weise geschehen. Ein von NORRIS et al. (14) angegebenes Vorgehen erwies sich als besonders brauchbar (HORBACH et al. (8)).

Dabei werden univariat die Ausprägungen der qualitativen Variablen und die in 3 Klassen eingeteilten Werte der quantitativen Variablen ersetzt durch die klinikspezifische Letalität, die in der jeweiligen Merkmalsausprägung beobachtet wurde. Mit diesem, sich aus Letalitäten zusammensetzenden Vektor von Werten geht nun jeder Fall in eine einfache Diskriminanzanalyse zur Trennung der beiden Zielgruppen Überlebende und Verstorbene ein. Man erhält damit für jeden Patienten einen Wert der Diskriminanzfunktion. Mittels der Verteilung dieses Vorhersagewertes können Bereiche mit unterschiedlicher Gefährdung abgegrenzt werden.

Folgende bei der Aufnahme bestimmte und dokumentierte Befunde wurden für den prognostischen Index verwertet:

- quantitative Variablen:
  Alter, Pulsfrequenz, systolischer Blutdruck
- qualitative Variablen (ja/nein):
  Kalte Extremitäten, Links- und/oder Rechtsinsuffizienz, Rhythmusstörungen, Schock bei Einlieferung, Septuminfarkt, Spitzeninfarkt,

verbreiterter QRS-Komplex, Vorhofflimmern, zerebrale Verwirrtheit.

Nach der Vollständigkeit der Datensätze bezüglich dieser Variablen konnten für die Diskriminanzanalyse 22 Kliniken mit zusammen 1258 Patienten berücksichtigt werden. Ein Vergleich der Absterbeordnungen der insgesamt beobachteten mit denen der hier berücksichtigten Patienten ergab eine befriedigende Übereinstimmung.

Abb. 9 zeigt die Verteilungen der Diskriminanzfunktionswerte für die in der stationären Behandlungszeit Gestorbenen (n= 264) und die Überlebenden (n= 994). Die Risikoschätzung kann man nun aufgrund dieser Verteilungen auf verschiedene Art und Weise vornehmen:

- Die einfachste Art besteht darin, geeignete Wertebereiche der Diskriminanzfunktionswerte abzugrenzen und aufgrund des Verhältnisses der beiden Verteilungen in Abb. 9 die Letalität für jeden Wertebereich zu schätzen.

- Unter der Voraussetzung der Normalverteilung der Diskriminanzfunktionswerte hat CORNFIELD (1, 17) ein Verfahren zur Herleitung einer Risikoschätzfunktion angegeben. Bezeichnet man mit $\dagger$ das Ereignis zu sterben, $n_1$ die Zahl der Verstorbenen, $n_2$ die Zahl der Überlebenden, $Y = (Y_1,\ldots,Y_k)$ den Beobachtungsvektor mit Dichten $f_1$ (Y) für Verstorbene, $f_2$ (Y) für Überlebende, so ergibt sich als bedingte Wahrscheinlichkeit nach BAYES:

$$(1) \qquad P(\dagger \mid Y) = \frac{P(\dagger) \cdot P(Y \mid \dagger)}{P(\dagger) \cdot P(Y \mid \dagger) + P(\overline{\dagger}) \cdot P(Y \mid \overline{\dagger})}$$

Die Umformung unter Berücksichtigung stetiger Dichtefunktionen führt zu der bedingten Wahrscheinlichkeit

$$(2) \qquad P(\dagger \mid Y) = \left[1 + \frac{P(\overline{\dagger})\, f_2(Y)}{P(\dagger)\, f_1(Y)}\right]^{-1}$$

Für die lineare Diskriminanzfunktion X = D (Y) gilt mit einem geeigneten Wert a:

$$\frac{P(\overline{\dagger})\, f_2(Y)}{P(\dagger)\, f_1(Y)} = e^{a+X}$$

Diese Subsituation führt zu der Risikofunktion

$$\text{(2a)} \qquad P(\dagger \mid X) = \left[1 + e^{a+X}\right]^{-1}$$

- Es bietet sich nach GUNSELMANN ein dritter Weg der Risikoschätzung an, wenn man als Zufallsvariable Y in (2) die lineare Diskriminanzfunktion X (aufgefaßt als Zufallsvariable) wählt und $f_i(X)$ durch Normalverteilungen mit $\bar{X}_i$, $s_i^2$ als Parametern (i=1,2) schätzt,

  $P(\dagger)$ durch $\frac{n_1}{n_1+n_2}$ . Man erhält

$$\text{(2b)} \qquad P(\dagger \mid X) = \left[1 + \frac{n_2}{n_1} \cdot e^{\frac{(X-\bar{X}_1)^2}{2s_1^{\,2}} - \frac{(X-\bar{X}_2)^2}{2s_2^{\,2}}}\right]^{-1}$$

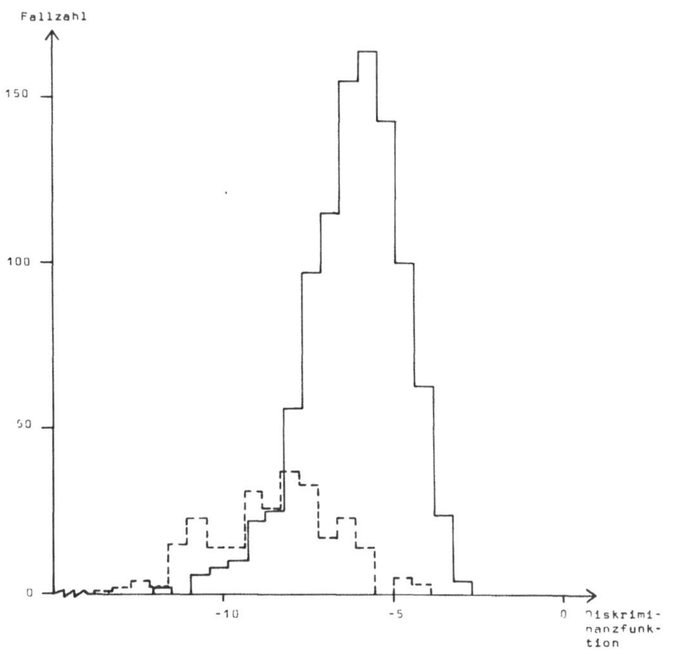


Abb. 9 Verteilungen der Diskriminanzfunktionswerte bei 264 gestorbenen und 994 überlebenden Patienten der Herzinfarktstudie

Abb. 10 enthält im oberen Teil die Ergebnisse dieser Risikoschätzungen für die Herzinfarktstudie. Man erkennt, daß im Bereich der hohen Diskriminanzfunktionswerte bei dem Vorgehen nach CORNFIELD und noch stärker bei dem nach GUNSELMANN eine überhöhte Schätzung der Letalität herauskommt; hier erscheint das einfachste Verfahren das verläßlichere zu sein. Aus der Gesamtverteilung der Diskriminanzfunktionswerte im unteren Teil der Abb. 10 ist zu erkennen und auch prozentual angegeben, welche Anteile der Patienten in die einzelnen Gefährdungsbereiche fallen. Bis zu einer relativ geringen Letalität von 3% sind es immerhin 32% aller Patienten.

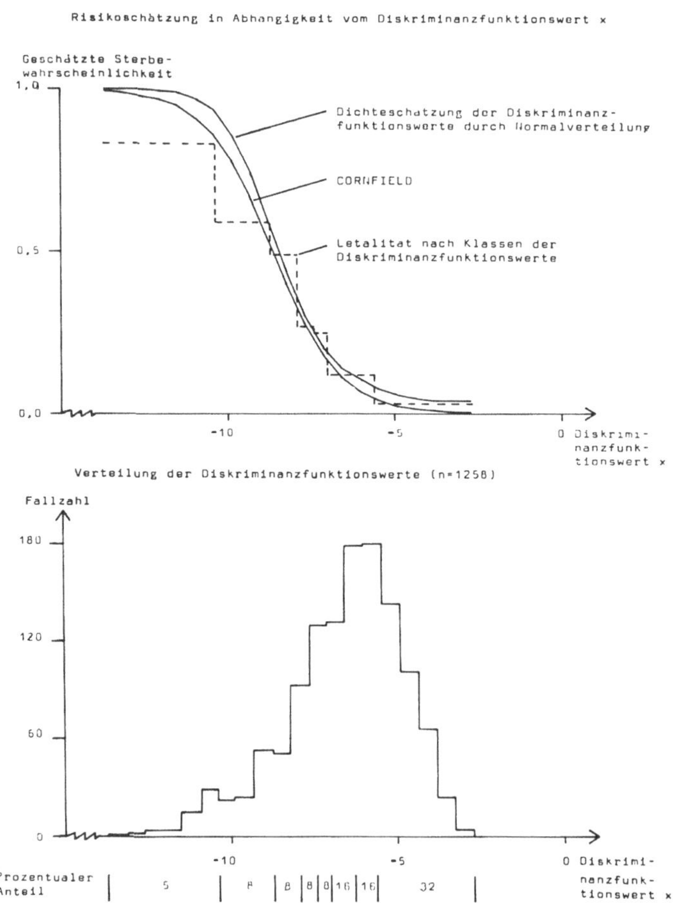


Abb. 10 Graphische Darstellung der Risikoschätzung in Abhängigkeit vom Diskriminanzfunktionswert x

Die Risikovoraussage bei künftigen Fällen aus den Aufnahmebefunden ist aufgrund der berechneten Diskriminanzfunktion möglich. Zur klinischen Verwertbarkeit solcher Prognosen müssen noch Erfahrungen gesammlt werden; sie darf nicht überschätzt werden. Wir untersuchen derzeitig, ob Veränderungen einzelner Variablen am Beginn der stationären Behandlung eine besondere prognostische Wertigkeit besitzen.

Eine Studie über die Prognose bei Typen von Herzoperationen bei gegebenen praeoperativen Befunden wird derzeitig in Zusammenarbeit mit der Erlanger Chirurgie durchgeführt. Hierbei erwarten wir aus den Risikoschätzungen unmittelbar verwertbare Informationen zur Indikationsstellung bei den verschiedenen operativen Eingriffen am Herzen.

## 5. SCHLUSSBETRACHTUNG

Die Zeit ist ein Faktor, der bei allen ärztlichen Beurteilungen von Erkrankungen und den zu treffenden Behandlungsmaßnahmen eine anscheinend selbstverständliche Rolle spielt. Die Schwierigkeiten in der Erarbeitung geeigneter Modelle für statistische Verlaufsanalysen stellen eine Herausforderung an die Biometrie dar. Neben der Biosignalverarbeitung und der Beurteilung kurzzeitiger Reaktionsverläufe verdienen insbesondere Follow-up-Studien bei eingreifenden therapeutischen Maßnahmen nach der stationären Behandlung, u.U. über Wochen, Monate und Jahre höchstes Interesse. Der Dornenweg der systematischen Datenerfassung zu diesem Zweck muß - da es um patientenbezogene Daten geht - durch Fachbereichsrechnersysteme mit peripheren Terminals, Knotenrechnern und zentralen Mehrzweckrechnern mit der Möglichkeit der Verwaltung von Datenbanken unterstützt werden. Nur so können die dringlichen Informationen über Langzeitergebnisse nach eingreifenden Therapiemaßnahmen erhalten und die Voraussetzungen für Verbesserungen der Therapie geschaffen werden.

# LITERATURVERZEICHNIS


1.) CORNFIELD, J.:
Joint dependence of risk of coronary heart disease on serum cholesterol and systolic blood pressure: a discriminant function analysis
Fedn.Proc. 21, 58-61 (1962)

2.) v.EIFF, A.W., CZERNIK, A., HORBACH, L., JÖRGENS, H., WENIG, H.-G.:
Fluglärmwirkungen, eine interdisziplinäre Untersuchung über die Auswirkungen des Fluglärms auf den Menschen, der medizinische Untersuchungsteil DFG-Forschungsarbeit.
H. Boldt Verl., Boppard 1974

3.) FERNER, U.:
Parametrische und nichtparametrische Ansätze zur Analyse von Verlaufskurven
Vortrag, geh. am 26. 9. 1977, Krems
Biometr. Kolloquium der R.Oe.S.

4.) HEIDE, F.:
Zur statistischen Methodik der Verlaufsanalyse von Blutdruckwerten unter Streßbedingungen
Dissertation, Erlangen 1977

5.) HORBACH, L.:
Statistische Analyse der Reizüberleitung auf die Kammern bei Vorhofflimmern
Verh.dtsch.Ges.Kreisl.-Forsch. 31, 122-128 (1965)

6.) HORBACH, L., MICHAELIS, H., NEUHAUS, G.A., PRAETORIUS, F., KAUFMANN, W., DÜRR, F.:
Statistische Analyse von Teilergebnissen einer Gemeinschaftsstudie über die Wirkung diuretischer Maßnahmen auf Wasser- und Elektrolythaushalt bei hydropischen Zuständen
Verh.dtsch.Ges.inn.Med. 75, 207-210 (1969)

7.) HORBACH, L.:
Verlaufsbeurteilung beim therapeutischen Vergleich
Arzneimittel-Forsch. (Drug Research), 24, 1001-1004 (1974)

8.) HORBACH, L., GUNSELMANN, W., JUST, H., SCHICKETANZ, K.-H., SCHMIDT, W.:
Verlaufsindizes bei Herzinfarkten
In: KOLLER, S., BERGER, J. (Hrsg.): Klinisch-statistische Forschung
Schattauer, Stuttgart, 1976

9.) IMMICH, H., SONNEMANN, E.:
Which statistical models can be used in practice for the comparison of curves over a few time-dependent measure points ?
Biometrie-Praximetrie 15, 43-52 (1974)

10.) KOCH, G.G.:
Some aspects of the statistical analysis of split plot experiments in completely randomized design
JASA 40, 485-505 (1969)

11.) KRAUTH, J.:
Nichtparametrische Ansätze zur Auswertung von Verlaufskurven
Biom.Ztschr. 15, 557-566 (1973)

12.) MOE, G.K., MENDEZ, C., ABILDSKOV, J.A.:
A complex manifestation of concealed A-V conduction in the dog heart
Circul.Res., 15, 51-63 (1964)

13.) MORRISON, D.F.:
Multivariate Statistical Methods
Mc Graw-Hill, New York 1967

14.) NORRIS, R.M., BRANDT, P.W.T., CAUGHEY, D.E., LEE, A.J. and SCOTT, P.J.:
A new coronary prognostic index
Lancet 1969, 274-278

15.) PRESTELE, H.:
Vergleich von Scharen von Reaktionskurven
Vortrag, geh. am 7. 3. 1975, Stuttgart-Hohenheim, 21. Biometrisches Kolloquium

16.) RIEDWYL, H.:
Beurteilung von Verlaufskurven mit der Flächenmethode
Vortrag, geh. am 10. 3. 1977, Nürnberg, 23. Biometrisches Kolloquium

17.) TRUETT, J., CORNFIELD, J., KANNEL, W.:
A multivariate analysis of the risk of coronary heart disease in Framingham
J.chron.Dis., 20, 511-524 (1967)

18.) VARY, P., STINY, L.:
Ein Herz-Rhythmus-Analysator für Langzeit-EKG-Untersuchungen
Biomediz.Technik, 22, 39-44 (1977)

19.) WILDER, J.:
Das "Ausgangs-Gesetz" - ein unbeachtetes Gesetz; seine Bedeutung für Forschung und Praxis
Klin.Wschr. 10, 1889-1893 (1931)

# TRENDERFASSUNG IN DER INTENSIVMEDIZIN

P. Schölmerich, H.-P. Schuster, H. Schönborn,
C.-J. Schuster, S. Kapp, R. Bork, J. Gilfrich,
Mainz

REICHERTZ hat in dem von unserem Jubilar zusammen mit WAGNER herausgegebenen Handbuch der Medizinischen Dokumentation und Datenverarbeitung die Grundfunktion von Informationssystemen definiert als Berichterstattung, Analyse, Warnung und Trenderkennung. Die beiden letzteren Funktionen sollen uns in diesem klinischen Bericht beschäftigen. Trenderkennung ist die, so hat es REICHERTZ gesagt, auf das Problemmanagement ausgerichtete Funktion von Informationssystemen. Von der Trenderkennung werden Erkennung von Regelabweichungen, Warnung bei Grenzwertüberschreitungen, Ermittlung von Kontur- und Steuerparametern erwartet.

Während Monitorsysteme schon seit etwa 15 Jahren verwandt werden und sich in der Intensivmedizin bei zahlreichen definierten Organfunktionen zur Darstellung der Biosignale und zur Erfassung von Abweichungen mit möglicher vitaler Bedrohung bewährt haben, ist die prognostische Aussage oder die Trenderfassung in ihren dazu notwendigen und wesentlichen Befundmustern bisher nur in einigen Bereichen möglich, für andere immer noch eine klinische Aufgabe. Für die prognostische Beurteilung von Rhythmusstörungen sind z.B. bestimmte Kriterien empirisch und dann auch statistisch gesichert, die eine Aussage über drohendes Kammerflimmern zulassen. Zu diesen prämonitorischen Symptomen gehören frühzeitig einfallende Extrasystolen, das sogenannte R-auf-T-Phänomen, das Auftreten von Extrasystolen in Ketten, die Erfassung von multilokulären Extrasystolen und das sogenannte Bradykardie-Tachykardie-Syndrom.
Immer dann, wenn im Verlauf eines klinischen Bildes eines dieser Symptome mit zunehmender Deutlichkeit oder Häufung in Erscheinung tritt, muß mit dem Auftreten von Kammerflimmern, also einem funktionellen Kreislaufstillstand, gerechnet werden. Die Erfassung solcher Parameter führt zur unmittelbaren Prophylaxe und stellt in etwa in der Klinik des Herzinfarktes die wesentliche Grundlage für die Verbesserung der Überlebensrate auf Intensivstationen dar. Auf der anderen Seite lassen

sich Asystolien mit einer hohen Wahrscheinlichkeit voraussagen, wenn eines der folgenden Symptome oder eine Kombination mehrerer dieser Symptome nachweisbar sind: Sick-Sinus-Syndrom, abnorme Bradykardie, partieller Block, bifasciculäre intraventrikuläre Blockierung.

Die Erfassung solcher Störungen gehört zum Routineprogramm von Intensivstationen und ist prinzipiell apparativ mit automatischer Registrierung, Auswertung, Trenderfassung unter Einschluß von Bewertungskriterien und daraus abgeleiteten Monitorverfahren etabliert. Auf dem im Oktober 1977 abgehaltenen Kongreß der biomedizinischen Technik in Aachen haben sich nicht weniger als 40 Vorträge mit solchen Systemen und Verfahren beschäftigt.

Schwieriger und problematischer ist die Erfassung von Trends bei bestimmten Krankheitsbildern mit potentiell vitaler Bedrohung. Die Trenderfassung ist hierbei nicht nur von prognostischem Interesse, sondern als Faktor der Therapiesteuerung von elementarer Bedeutung für den klinischen Verlauf. Dieser Gesichtspunkt gilt vor allem dann, wenn die Erfassung von Kriterien, die einen zunehmend schlechteren Verlauf anzeigen, zu Entscheidungen führt, therapeutische Verfahren einzusetzen, die ihrerseits wieder ein hohes Maß an Komplikationen in der Anwendung besitzen. Ich will dies an dem einfachen Beispiel der Anwendung der intraaortalen Ballonpulsation deutlich machen, die zumindest für eine begrenzte Zeit im Stande ist, einen kardiogenen Schock in seinen Organauswirkungen zu mildern oder gar aufzuheben. Das Prinzip besteht darin, durch eine im Rhythmus der Herzaktion wechselnde Aufblasung eines intraaortal applizierten Ballons eine systolische Druckentlastung und eine diastolische Druckerhöhung zu bewirken, wobei die Kammerfunktion durch die systolische Druckentlastung entlastet wird, die periphere Perfusion durch den höheren diastolischen Druck aber gefördert werden soll. Die Einführung dieses Ballons durch die Femoralarterie bei retrograder Katheterisierung fordert einen hohen technischen Aufwand und besitzt auch eine unmittelbare, nicht geringe Komplikationsrate, ganz abgesehen von der höchst aufwendigen Anlage, die auch unter dem Gesichtspunkt der Kosten-Nutzen-Relation gesehen werden muß. Ein anderes Problem mit noch höherer Dramatik ist die Frage der operativen oder konservativen Therapie bei der akuten Pankreatitis. Diese Entscheidung stellt hohe Anforderungen an die Fähigkeiten der beteiligten Kliniker, den aktuellen Zustand und die Tendenz der weiteren Entwicklung aus klinischem Befund und labormäßigen Parametern zu erfassen. Weitere Beispiele sind die Anwendung der positiven endexspiratorischen Überdruckbeatmung, PEEP-Beatmung genannt, bei beginnendem Schocklungensyndrom, wobei die Anwendung dieses Verfahrens in Abhängigkeit von den dabei eingestellten Beatmungsdrucken infolge Rückwirkungen auf das Herzzeitvolumen nicht ohne Problematik ist. Ähnliche Gesichtpunkte lassen sich bei schweren Vergiftungen und bei beginnendem Nierenversagen ableiten, wo gleichfalls bestimmte therapeutische Konsequenzen von dem Trend, der aufgrund klinischer und labormäßiger Parameter erfaßt werden kann, abhängig gemacht werden müssen.

Aus diesem Bereich möchte ich einige Beispiele näher beleuchten, die Arbeitsgruppen unserer Klinik in letzter Zeit erarbeitet haben.
Ich möchte beginnen mit der Frage der Pankreatitis, die SCHÖNBORN und Mitarbeiter zusammen mit der Chirurgischen Klinik unter Prof. KÜMMERLE seit einigen Jahren in Form einer prospektiven Studie mit bestimmten Verfahren konservativer oder operativer Therapie behandeln.
Hier stellt sich für die Primärentscheidung der weiteren Therapie das Problem der Erfassung des Schweregrades der Pankreatitis. Aufgrund klinischer und labormäßiger Kriterien hat sich in Übereinkunft vieler Arbeitsgruppen eine Einteilung nach bestimmten Schweregraden eingebürgert.
*Schweregrad I* bedeutet Druckschmerz im Oberbauch ohne Abwehrspannung bei tiefer Palpation.
*Schweregrad II* ist durch eine Verstärkung dieser Symptomatik mit abgeschwächten oder fehlenden Darmgeräuschen charakterisiert.
Folgende Laborparameter sind Voraussetzung für die Eingruppierung in eine Pankreatitis in Schweregrad II: Leukozyten über 10.000, Blutzucker über 90 mg%, Serum-Calcium unter 4 mval/l, wobei zwei dieser Befunde als obligatorisch angesehen werden.
*Schweregrad III* umfaßt die gleiche subjektive Symptomatik mit Abwehrspannung und abgeschwächten oder fehlenden Darmgeräuschen, während in den Laborbefunden Leukozyten über 12.000, Blutzucker über 150 mg%, Serum-Calcium unter 4 mval/l und eine metabolische Azidose über 5 mval/l vorliegen müssen, um die Zuordnung zu rechtfertigen. Unter retrospektiver Prüfung dieser Schweregradeinteilung nach operativen oder autoptisch erhobenen morphologischen Befunden zeigten alle Fälle des Schweregrades III - 10 Fälle im Gesamtkrankengut - eine Totalnekrose der Bauchspeicheldrüse. Von 18 Fällen des Schweregrades II hatten 11 eine Teilnekrose, 5 eine Totalnekrose, bei 2 war die Klassifizierung nicht möglich. Beim Schweregrad II sind also Überschneidun-

gen im Hinblick auf den morphologischen Befund mit Schweregrad III nachzuweisen. Die Untersuchung dieser Fälle hat auf der Suche nach einer besseren prognostischen Abgrenzung weitere Parameter in die Betrachtung einbezogen. So hat sich ergeben, daß Laktatbestimmungen zur Erfassung der metabolischen Entgleisung aussagekräftiger sind als Bestimmungen des Säure/Basen-Status mit der Astrup-Methode. Ebenso ist der Nachweis einer Einschränkung des tubulären Konzentrationsvermögens der Niere von erheblicher prognostischer Bedeutung insofern, als dieser Meßwert, der an dem Verhalten der Freiwasserclearance kontrolliert werden kann, der Obligoanurie um Stunden bis Tage vorausgeht.
Schließlich hat sich zeigen lassen, daß Verlaufskontrollen der Thoraximpedanz frühzeitiger pathologische Flüssigkeitsverschiebungen in die Lunge erfassen lassen, als es aus Gesamtwasserbilanzen, Röntgenaufnahmen der Lungen und Blutgasanalysen möglich ist.
Bisher ist nicht versucht worden, diese Parameter in mathematische Formeln oder Trendfunktionen zu übersetzen. Es wäre eine wichtige Aufgabe, eine Kooperation zwischen Statistikern und Klinikern, mathematische Formeln zu entwickeln, die eine exakte Trenderfassung gestatten.

Ein bedeutsames Problem haben KAPP und Mitarbeiter in unserer Klinik kürzlich bearbeitet, nämlich die Frage der Prognose bei Vergiftungen. 40 Patienten mit Vergiftungen wurden in der Klassifikation nach REED im Hinblick auf ihre Schwere eingeteilt.
Anschließend wurden die üblichen therapeutischen Verfahren in Abhängigkeit von der Schwere der Einzelsymptome durchgeführt. Die spezielle Fragestellung war, ob es biochemische Parameter gäbe, die imstande wären, die Prognose oder aber die Schwere der Krankheit im Beginn genauer zu erfassen. Dazu wurden hämatologische Daten, Enzymwerte, Gerinnungsfaktoren, Stoffwechseldaten, Elektrolyte, Blutgase, Säure/Basen-Haushalt bestimmt.
Die Methoden seien hier im Einzelnen nicht referiert. Es hat sich dabei ergeben, daß eine deutliche Beziehung zwischen Laktatgehalt, der Höhe der Fibrinspaltprodukte, der Kreatinkinase und dem Isoenzym CKMB im Serum und der Schwere der Vergiftung, ausgedrückt in Dauer der Bewußtlosigkeit, zu erkennen war. Von diesen Parametern war die Laktatkonzentration ebenso wie die Menge der Fibrinspaltprodukte am höchsten zum Zeitpunkt der Aufnahme in die Klinik, während Kreatinkinase und Isoenzym der Kreatinkinase ihr Maximum nach 12 bzw. 24

Stunden erreichten. Unter diesem Gesichtspunkt läßt sich eine klare Korrelation zwischen Dauer der Bewußtlosigkeit und Höhe des Laktatspiegels nachweisen. Der Laktatgehalt im Serum stellt einen hochempfindlichen Parameter des gestörten Zellmetabolismus dar, der durch Hypoxie, Hypothermie, möglicherweise auch durch Störungen der Mikrozirkulation alteriert wird. Es muß betont werden, daß die Korrelation ohne manifesten Schock in den hier referierten Fällen von schwerer Vergiftung erkennbar war. Daraus lassen sich therapeutische Empfehlungen unter anderem zur Frage, ob forcierte Diurese oder Hämodialyse oder Hämoperfusion indiziert sind, ableiten.

Das 3. Beispiel, das SCHUSTER und Mitarbeiter in unserer Klinik bearbeitet haben, bezieht sich auf das akute Lungenversagen, also das sogenannte Schocklungensyndrom. Die Frage ist, in welchem Zeitpunkt eine Überdruckbeatmung begonnen werden soll. In absehbarer Zeit wird sich auch die Frage stellen, unter welchen Bedingungen eine extracorporale Oxygenation angezeigt ist. Die Untersuchungen von SCHUSTER und Mitarbeitern haben ergeben, daß die Erniedrigung des Sauerstoffpartialdrucks unter den altersentsprechenden Normwert dann eine dringliche Indikation zur PEEP-Beatmung darstellt, wenn Impedanzmessungen eine Flüssigkeitsvermehrung in der Lunge erkennen lassen.

Die gewählten Beispiele haben gemeinsam, daß aus Trenderfassungen mit Hilfe von bestimmten Parametern wesentliche therapeutische Entscheidungen erwachsen. Die gleiche Problematik könnte beim akuten Leberversagen und der Frage des Leberersatzes, beim akuten Nierenversagen und der Frage der prophylaktischen Hämodialyse diskutiert werden. Für diese klinischen Zustandsbilder sind auch zahlreiche Befundmuster erstellt, die die Indikation erleichtern.

Was noch in wichtigen klinischen Bereichen fehlt, ist eine ausreichende pathophysiologische Grundkenntnis zur Festlegung von Parametern, die den Krankheitsablauf genügend charakterisieren. Erst danach stellt sich das Problem einer systematischen, statistischen Bearbeitung mit möglicher Transformation in mathematische Formeln. Für einige Bereiche ist dieses Ziel erreicht, z.B. für den kardiogenen Schock des Herzinfarktes, bei dem SHUBIN und Mitarbeiter Formeln mit Trendfunktion in gute und schlechte Prognose entwickelt haben. Dabei konnte folgende diskriminierende Funktion abgeleitet werden:

$$DF = 0{,}0166\ DAP + 0{,}01852\ SI.$$

Die Wahrscheinlichkeit einer korrekten Voraussage lag bei 94 %.

Diese diskriminatorische Funktion läßt sich natürlich in eine kontinuierliche Trenderfassung transponieren, zumal die Erfassung von Schlagvolumina mit Farbstoffverdünnungsmethoden heute praktisch fortlaufend möglich ist und blutige arterielle Druckmessungen zum Routineprogramm von Wachstationen gehören. Die Arbeitsgruppe um SHUBIN hat über diese einfache Kombination von 2 Parametern hinaus noch den arteriellen Kohlensäurepartialdruck, den Laktatgehalt im arteriellen Blut und den zentralen Venendruck in Formeln eingebracht und damit die Voraussagemöglichkeit weiter erhöht. Unter Verwendung invasiver Methoden haben sich der enddiastolische Druck in der Pulmonalarterie oder im linken Ventrikel, der Herzindex, der Schlagarbeitindex in der Arbeitsgruppe um WEIL als Diskriminanzfunktion bewährt.

Die Entwicklung solcher Parameter ist in vollem Fluß. Mir erscheint hier eine dankbare Aufgabe der Zusammenarbeit zwischen Statistikern und Klinikern zu liegen.

Wir sind dankbar, daß wir in der Wirksamkeit unseres Jubilars in den letzten 15 Jahren in Mainz Gelegenheit zu einem fruchtbaren Gespräch hatten, von dem wir eine echte Bereicherung unserer therapeutischen oder prophylaktischen Bemühungen erfahren haben und in der weiteren Kooperation zu erfahren hoffen. Für Kliniker und Statistiker sollten die hier nur in einer Übersicht behandelten Fragen Stimulation, wenn nicht gar Herausforderung sein.

## LITERATURVERZEICHNIS

1.) ENDRESEN, J., HILL, D.W.:
The present state of trend detection and prediction in patient monitoring
Intens. Care Med. 3, 15 (1977)

2.) FREYE, E.:
Computergesteuerte Intensivbehandlung unter Berücksichtigung der kontinuierlichen Überwachung respiratorischer Variablen
Akt. Probl. Intensivmed. 2, 179 (1976)

3.) SCHÄFER, J.-H., BOYTSCHEFF, C., NIMICZEK, M., THIMME, W.:
Prognostische Indices in der Frühphase der akuten Pankreatitis
Intensivmed. 14, 429 (1977)

4.) SCHÖNBORN, H.:
Intensivmedizin bei akuter Pankreatitis - Internistisches Referat
Langenbecks Arch.klin.Chir. 337, 245 (1974)

5.) SCHÖNBORN, H., KÜMMERLE, F.:
Die akute Pankreatitis und ihre Intensivtherapie
Im Druck (1978)

6.) SCHUSTER, C.J., GILFRICH, H.J., BORK, R., SCHÖNBORN, H., JUST, H., SCHUSTER, H.-P.:
Noninvasive measurements of myocardial contractility and peripheral blood flow in patients with hypnotic drugintoxication
Intens. Care Med. 3, 364 (1977)

7.) SCHUSTER, H.-P.,SCHÖNBORN, H., BORK, R., SCHUSTER, C.J.:
Prognostische Indices - eine neue Behandlungsgrundlage in der Intensivmedizin
Med. Welt 27, 1268 (1976)

# MEDIZINISCHE INFORMATIK

## AUFGABEN, ZIELE UND MÖGLICHKEITEN

Peter L. Reichertz, Hannover

Im Rahmen dieses Symposiums wurden von verschiedenen Seiten unterschiedliche Aspekte unseres Fachgebietes aufgezeigt. Es ist schwierig, neue ohne die Gefahr der Redundanz hinzuzufügen. Ein Teil der Arbeitsweise der Informatik ist aber die Veränderung der Relationen zwischen Daten einer Datenbank. Bitte betrachten Sie daher meinen Beitrag als ein gegenüber anderen Beiträgen verändertes Relationsmodell der gleichen Eingangsdaten.

Dabei wird hin und wieder ein Widerspruch oder eine Konkurrenzberührung zu anderen Modellen auftreten. Dies sei als Pointierung, nicht aber als Kontradiktion zu anderen Betrachtungsweisen verstanden.

TOFFLER (9) hat in seinem Buch: "The Future Shock" für unser Jahrhundert als charakteristisch beschrieben, daß Änderungen mit immer schnellerer Geschwindigkeit eintreten und dadurch die Orientierung und die Entscheidungsfindung des Menschen in zunehmendem Maße verunsichern. Für die technologische und wissenschaftliche Entwicklung ist diese Aussage zutreffend. In allen Bereichen erkennt man eine Zunahme der Information, deren Menge anscheinend einer Exponentialkurve folgend ansteigt. Die Technologie selbst liefert die Vehikel zum Transport dieser Informationsmengen und führt zum Entstehen immer neuer Datenströme, die zu einer Entropie anzuschwellen drohen, welche zu verarbeiten die Fähigkeiten der konventionellen Verfahren und die Verarbeitungsgeschwindigkeit des Menschen zu übersteigen scheinen.

Es gehört zu den bewunderswerten "Konstruktionsprinzipien" des menschlichen Geistes, daß er in der Lage ist, hiermit trotzdem mit Hilfe der ihm zur Verfügung stehenden Verfahren fertig zu werden: Die Abstraktionsfähigkeit und die Möglichkeit, aus vielen Parametern Modelle zu bilden, versetzt ihn in die Lage, Entscheidungsprobleme auf eine allgemeine Ebene zu verlagern und somit eine Vielzahl von unterschiedlichen Erscheinungsformen zu klassifizieren, überschaubar zu machen und diese Modellvorstellungen an sich verändernde Bedingungen anzupassen.

Die Datenverarbeitungstechnologie, als Teil der zu der Entropie führenden Entwicklung,gestattet es ihm aber auch, so geschaffene Modelle zumindest teilweise abzubilden und ihre Detaillierungs- und Zeitaspekte Automaten zu übertragen. Die Informatik ist die Wissenschaft, die versucht, dieses allgemeine Vorgehen zu formalisieren und Algorithmen zu konstruieren, d.h. allgemein gültige und formale Verfahrensbeschreibungen zu Problemlösungen in definierten Schritten zu finden.

Die Informatik unterscheidet sich somit von der wissenschaftlich-mathematischen Analyse durch das Überwiegen des Konstruktionsprinzipes über das Analyseprinzip. Die Analyse ist Zweck zur Findung von Konstruktionsmerkmalen. Ziel ist nicht eine Aussage, sondern die Gewinnung eines Verfahrens, welches sowohl auf wissenschaftlich-analytischer wie auf praktisch-betrieblicher Ebene liegen kann. Sie hat damit als wesentliches Merkmal gegenüber der Analyse das zeitkritische Element des Prozesses, dessen Teil zu sein die zu entwickelnden Verfahren die Aufgabe haben. In ihren Auswirkungen greift die Informatik in das System ein, das ihr Objekt ist,und führt zu Veränderungen seiner Ökologie bzw. zur Bildung neuer Relationen und zur Veränderung des Bestehenden: zu einem neuen Zustand der Systemökologie.

Bei der Entwicklung unseres Fachgebietes stand naturgemäß am Anfang die Erfassung von Information, ihre Abstraktion und Klassifikation ( Dokumentation ) und die Analyse der Information (Biometrie und Statistik). Das Auftreten der prozeßorientierten Elemente der Informatik geschah parallel mit der Schaffung der technischen Möglichkeiten hierzu, wobei natürlich die analytische Technik schon sehr früh sich der möglich werdenden Rechnerverfahren bediente.

Notwendigerweise interessiert die Informatik in der Medizin spezifische Aspekte dieses Fachgebietes und sie wird durch die Entwicklung eigener Methoden, wobei die Eigenständigkeit meist in einer spezifischen Kombination von Verfahrensweisen aus unterschiedlichen Grunddisziplinen besteht, zur Medizinischen Informatik (5). Dies wird mitbedingt durch die große Breite des Gebietes, mit dem sie in Berührung kommt, sowie durch die Verzweigtheit des Realsystems, in das sie einzugreifen versucht. Hierzu sind Kenntnisse und Erfahrungen notwendig, die nicht von allgemeinen Modellvorstellungen der Informatik her hinreichend befriedigend vermittelt werden können. Zwangsläufig führt sie durch ihre abstrahierenden, systematisierenden und konstruktiven Elemente zu Betrachtungsweisen, welche ihrerseits in die Medizin einzudringen in der Lage sind und beitragen können zur allgemeinen Systematisierung und Konzeptionalisierung (4).

Vor dem Eingriff in einen Prozeß - sei es nun auf dem Gebiet der theoretischen Medizin, der Pharmakokinetik, der Urteilsfindung, der Verarbeitung von dem Körper ausgehender Signale oder der Steuerung von organisatorischen Einheiten - ist die Analyse eine unbedingte Notwendigkeit. Zur Bewältigung der Kontraktionsaufgaben sind systemtechnische Werkzeuge erforderlich. Ebenso muß die Veränderung des Systems resp. die Effektivität des Eingriffes mit analytischen Methoden beurteilt werden. Hier überlappen sich die unterschiedlichen Aspekte unseres Wissenschaftsgebietes weit und führen zu einer Verzahnung, welche vom Akzent der Betrachtungsweise mitbestimmt wird. So wie analytische Verfahren auf der einen Seite Hilfsmittel für konstruktive und informationsverarbeitende Verfahren sind, stellen sie selbst, wenn die Analyse im Vordergrund der Anwendungsmotivation steht, die Hilfsmittel für die Herbeischaffung und Verwaltung von Daten und ermöglichen hierdurch erst die Anwendung anspruchsvoller und effektiver statistischer oder anderer analytischer Verfahren.

So stellen diese Aspekte unseres Wissenschaftsgebietes quasi ein in sich geschlossenes Kontinuum dar, indem sie miteinander verschmelzen und ineinander übergehen mit unterschiedlicher Betonung einzelner Aspekte, je nach dem Standpunkt des Betrachters.

Die Aufgaben der medizinischen Informatik haben eine Ähnlichkeit mit dem Prozeß der klinischen Diagnostik: Am Ende des Zieles steht eine Aktion, die ermöglicht werden soll, und weniger die klassifizierende Einordnung, zum Beispiel als Ausgangspunkt weiterer Erkenntnisse. Auf dem Wege dahin wendet sie sich aber analytischen Bereichen zu, die ihr Interesse für die verschiedensten Aspekte des Gesamtsystems wachruft. Die Definition der Eingangselemente in den Verarbeitungsprozeß ist ebenso erforderlich wie die Erkenntnis der Gesamtzusammenhänge des Systems (6). Hierbei wird die angewandte Systemanalyse, bezogen sowohl auf einzelne Aspekte wie globale Kategorien im System, ein unentbehrliches Werkzeug. Die Notwendigkeit wird bedingt durch die Erkenntnis, daß kein System nachkonstruiert, gelenkt oder kontrolliert werden kann, welches nicht verstanden wird (4, 6). Ziel der Analyse ist dabei zwar die Erkennung von Zusammenhängen, dies aber weniger zur Beschreibung des Zustandes als aus dem Motiv der Suche nach Einflußmöglichkeiten, um als sinnvoll erkannte Zustände oder Veränderungen mit den Methoden der Informatik zu erreichen. Damit wird der Gesamtaspekt dieser systemanalytischen Beschäftigung problemorientiert und zeigt wiederum deutlich Prozeßaspekte.

Der methodische Weg dorthin ist nach SEEGMÜLLER ' die Lehre von den Eigenschaften , der Darstellung, der Konstruktion und Realisierung von Algorithmen für die Bereiche der medizinischen Wissenschaften und der medizinischen Praxis' (8). Operationell gesehen (2) bedeutet dies die Beschäftigung mit der

- Dokumentation
- Analyse
- Steuerung
- Regelung und
- Synthese

von Informationsprozessen in der Medizin. Von der Anwendungsseite her führt das zu

- der Analyse von Bio- und anderen Signalen und ihre Verarbeitung zur höheren Aggregation der Information, evtl. auch zur direkten Prozeßkontrolle (Biosignalverarbeitung)

- der Befassung mit der Logistik der Information, d.h. die Aufbereitung und Verwaltung zur zeitlichen und örtlichen Zurverfügungstellung mit Gewinnung von neuen Informationskategorien aus Synthese und Analyse zur Entscheidungsfindung in den unterschiedlichen Ebenen (Informationslogistik) sowie

- der Beschäftigung mit systemanalytischen Aspekten des Gesundheitswesens unter den unterschiedlichen Problemorientierungen, meist aber im Hinblick auf eine Steuerung des Prozesses resp. eine Optimierung des Ablaufes (6). (Angewandte Systemanalyse).

Dieser hohe Anspruch der Medizinischen Informatik muß zwangsläufig zu operationalen Zwängen führen, da sie sich anheischig macht, Routineaufgaben in den verschiedensten Realsystemen zu übernehmen. Die notwendigerweise resultierenden Eingriffe in die Realsysteme bedingen Änderungen der Verfahrensweisen von Systemelementen und Änderungen von Verhaltensweisen der sie tragenden Menschen.

Hierdurch entstehen psychologische und soziologische Probleme und Aufgaben, welche die Informatik zwingen, Methoden der Benutzer- und Motivationsforschung sowie der Systembewertung zur Anwendung zu bringen. Aus dem Auftreten von konfligierenden Zielkriterien zwischen Routineerfordernissen, psychologischen und soziologischen Notwendigkeiten, den technologischen Zielen der angestrebten Problemlösung und den zur Verfügung stehenden Ressourcen ergibt sich für die Medizinische Informatik die Notwendigkeit des Kompromisses, der Anpassung an den Prozeß und seine vielfältigen Prioritätsstrukturen. Hier unterscheidet sie sich von der mathematischen Statistik.

Die Möglichkeiten und die Auswirkungen der Medizinischen Informatik in den nächsten Dekaden werden geprägt werden von

- der weiteren Entwicklung der Hardware- und Softwaretechnologie, insbesondere auch im Hinblick auf Mikroprozessoren mit nicht nur der Möglichkeit des Einsatzes am Ort des Problems, sondern letztlich auch des endoprothetischen Einbaus z.B. zur Stoffwechselsteuerung etc.

- der Entwicklung von Netzwerkkonzepten und Verfahren zur dezentralen Datenhaltung bei der Erhaltung der Integrationsmöglichkeiten zu logisch einheitlichen Konzepten (funktionale Zentralisation)

- dem Ausbau einer medizinischen Methodenlehre zur Quantifizierung von medizinischen Informationen und Schlußweisen

- der Entwicklung von Verfahren und Techniken zur Benutzer- und Systemforschung und

- der Problemorientierung des Vorgehens resp. der Betonung des Prozeßcharakters bei der Systemkonstruktion.

Von diesen Aspekten aus ist auch eine indirekte Auswirkung auf die Medizin hinsichtlich der Entwicklung von Modellvorstellungen und Systemkonzepten zu erwarten. Es zeigt sich bereits heute, daß die Lehre des Anwendungsgebietes Medizinische Informatik für Studierende der Informatik zwingt, die quantitativ nicht zu bewältigenden Details der praktischen und theoretischen Medizin vorwiegend modellhaft zu beschreiben, wobei sich wesentliche Systematisierungsansätze ergeben, welche auch auf den Unterricht der Medizinstudenten anwendbar sind. Hierdurch kann die Hinwendung zu einer stärkeren Systematisierung und damit zur Konstruktion von Algorithmen, auch für die Lehre und das klinische Handeln, begünstigt werden.

Bei dem breiten Spektrum der Anwendungen in der Medizin, einschließlich administrativer Anwendungen, ermöglichen sich auch kombinierte ökonomisch-medizinische Betrachtungsweisen, die im Hinblick auf die Kostensteigerungen in der Medizin von großer Bedeutung sind. Dies gilt nicht nur für die direkte Bearbeitung betrieblicher und administrativer Vorgänge, sondern auch für Bereiche des Medical Audit, der kombinierten medizinischen und ökonomischen Kosten-Wirksamkeit-Analysen medizinischer Handlungen. Der prozessorale Aspekt zeigt auch den Lösungsweg: Die Entwicklung von dem Problem angemessenen Entscheidungsstrategien zur Optimierung des Prozesses hinsichtlich Kosten, Risiko und Erfolgsaussichten.

Bei der Bearbeitung diagnostischer Verfahren zeigen diese Aspekte immer deutlicher in eine Richtung, die zur Akzeptanz der entwickelten Verfahren bei den Klinikern im Gegensatz zu den bisherigen Klassifikationsansätzen führen. Es gilt, dem jeweiligen Stand des diagnostischen Prozesses angemessene Entscheidungen zu treffen hinsichtlich der weiter anzuwendenden Verfahren. Dies ist ein Weg zur Unterordnung der Verfahren unter übergeordnete Nutzenaspekte (7) im weitesten Sinne, welche sowohl zu einer besseren Entscheidung wie auch zu einer Minderung der Kosten führen kann, wie ALPEROVITCH und andere (1) gezeigt haben.

Aus der berechtigten Sorge um das Individuum ist die Medizin bisher den Weg der Maximierung der diagnostischen und therapeutischen Abdekkung des Risikos gegangen. Sie wird infolge der Kostenaspekte und der Gefährdungshäufung der immer differenzierter und differenter werdenden Maßnahmen in Zukunft stärker den Weg der Optimierung der Entscheidung suchen müssen.

Damit gewinnen aber z.B. diagnostische Verfahren ganz neue Aspekte: Gelingt es zum Beispiel, einen diagnostischen Prozeß in drei Phasen mit dem Einsatz unterschiedlich teurer und differenter Maßnahmen zu trennen, so erhalten Klassifikationsverfahren auch dann einen Wert, wenn sie nach Ablauf der ersten Phase nur in etwa 30 % eine endgültige Entscheidung zu treffen in der Lage sind; die Phase 2 braucht nur von 70 % des ursprünglichen Patientengutes durchlaufen zu werden. Kann das Gleiche nach der 2. Phase erreicht werden, brauchen nur etwa 49 % der ursprünglichen Patienten alle drei Phasen zu durchlaufen. Abgesehen von der Minderung des Risikos für den einzelnen Patienten ergäbe sich damit eine Kostenersparnis von DM 8100 oder 27 % bei 100 Patienten, wenn man jede Phase mit einem Aufwand von DM 100 einsetzt.

Damit steht wiederum das Ziel des Prozesses im Vordergrund und nicht der Aufwand für eine möglichst vielfältige Kategorisierung: die Zielkategorien werden der Phase des ablaufenden Prozesses angepaßt und nicht umgekehrt. Damit gewinnt das entwickelte Verfahren einen direkten Nutzenaspekt für den Anwender. In der Allgemeinmedizin z.B. sind andere Entscheidungs- und Klassifikationskategorien anzutreffen als in Zentren hoher Spezialisierung. Entscheidungsverfahren müssen sich an den möglichen und intendierten Aktionen orientieren. Dies ist bereits in dem Vortrag von SCHÖLMERICH zum Ausdruck gekommen.

So unterscheidet sich die Medizinische Informatik von den anderen Aspekten unseres Fachgebietes, verbindet sich aber mit ihnen zu einem Ganzen. Das Aufzeigen von Unterschieden soll nicht die trennenden Elemente, sondern den synergistischen Einsatz erlauben.

# LITERATURVERZEICHNIS

1.) ALPEROVITCH, A., FRAGUE, P., LELLOCH, J.:
Routine use of a computer-aided decision system
A positive evaluation in hyperthyroidism screening
S. 209-212 in: SHIRE, D.B., WOLF, H. (eds.): MEDINFO 77
North Holland, Amsterdam, 1977

2.) ANONYM
Reisensburger Protokolle. Red.: REICHERTZ, P.L.,
Med. Hochschule Hannover,
Dept. Biometrie u. Med. Informatik (1973)

3.) REICHERTZ, P.L.:
Probleme und Wege der EDV-Anwendung zur Dokumentation
Münch.med.Wschr. 117, 611-614 (1975)

4.) REICHERTZ, P.L.:
Towards systematization
Meth.Inf.Med. 16, 125-130 (1977)

5.) REICHERTZ, P.L.:
Medizinische Informatik; Tagung "Informatik und Informationswissenschaften", Gesellschaft für Mathematik und Datenverarbeitung, 13./14.4.1976, Schloß Birlinghoven

6.) REICHERTZ, P.L.:
Health care delivery as a system
S. 32-54 in: REICHERTZ, P.L., GOOS, G., (eds.):
Informatics and medicine
Springer, Heidelberg, 1977

7.) REICHERTZ, P.L.:
Computer aided medical practice oriented towards diagnostic
S. 191-198 in: SHIRE, D.B., WOLF, H. (eds.): MEDINFO 77
North Holland, Amsterdam, 1977

8.) SEEGMÜLLER, G.:
Thesendiskussion in: SELBMANN, H.K., ÜBERLA, K., GREILLER, R.: Alternativen der medizinischen Datenverarbeitung
Springer, Heidelberg, 1976

9.) TOFFLER, A.:
The Future Shock
London, 1970

# EDV ALS FÜHRUNGSINSTRUMENT VON KLINISCHEN EINRICHTUNGEN

Carl Theodor Ehlers, Göttingen

Wenn man von einem Führungsinstrument spricht, dann setzt das voraus, daß etwas zu Führendes vorhanden ist und daß eine Person oder eine Gruppe von Personen die Fähigkeiten und Kompetenzen hat, Führungsaufgaben vorzunehmen und Entscheidungen zu treffen. Wenn dem so ist, dann kann ein Computer zum Instrument für die Führung werden. Die ihm eingegebenen Daten können entsprechend den Programmvorgaben so aufbereitet werden, daß sie in einer vorbestimmten Zusammenstellung an einem bestimmten Ort im richtigen Erwartungszeitraum ankommen können. Damit werden diese Daten zur Information und können Grundlage für Entscheidungen werden. Dieses Verfahren wird heute in einem hohen Maße in der freien Wirtschaft durchgeführt.

Auf dem Gebiet des Gesundheitswesens, für das 1975 nach Schätzungen etwa 75 Milliarden DM ausgegeben wurden, und insbesondere auf dem Gebiet der Krankenhäuser liegt der Einsatz des Rechners als Führungsinstrument noch sehr im argen.

Der Einsatz des Computers als Führungs- und Steuerungsinstrument im Krankenhaus ist aber schwieriger als in der Wirtschaft ein- und durchzuführen. Die Schwierigkeiten beim Einsatz des Computers als Steuerungsmittel bestehen u.a. darin, daß im Gegensatz zur Wirtschaft die Kompetenzverteilungen und damit die Entscheidungsebenen nicht so klar sind. Ich meine hierbei die Versorgung und die Verwaltung einerseits und die ärztlich-pflegerische Betreuung der Patienten andererseits.

Eine Gleichberechtigung der einzelnen Partner in einem Klinikum unter dem Gesichtspunkt eines Großbetriebes, wie es in der Industrie selbstverständlich ist, gilt im Krankenhaus auch heute meist noch nicht.

Es bedarf keiner Diskussion, daß die ärztlich-pflegerische Betreuung des Patienten ausschließlich in der Verantwortung der hierfür Ausgebildeten liegen muß. Es geht aber nicht an, daß auch im Rahmen dieser Verantwortung jeder Ansatz zur Frage nach dem Nutzen und der Wirtschaftlichkeit einer neugeforderten Maßnahme meist damit beantwortet wird, daß häufig an Stelle von Sachargumenten die Frage nach Leben oder Tod eines Patienten in die Diskussion geworfen wird. Auch aufgrund solcher Einstellungen ist es schwierig, formale Verfahren, wie sie durch die Datenverarbeitung notwendig wurden und die sowohl zur Verbesserung der Versorgung des Patienten dienen können, als auch dazu, mehr Transparenz in die tatsächlichen Betriebsabläufe zu bringen, in den Routineablauf einzuführen.

Aber auch die andere Seite - die Administration - hat bei der Annahme des Instrumentes Datenverarbeitung als Mittel der Betriebsführung sehr große Probleme. Aufgrund der Ausbildung sind die meisten Angestellten und Beamten des gehobenen Dienstes und höheren Dienstes nur sehr zögernd bereit, sich dieses Hilfsmittels zu bedienen, wobei diese Bereitschaft aufgrund meiner langjährigen persönlichen Erfahrungen zunächst nur selten durch überzeugende Argumentation als vielmehr durch Überreden entwickelt werden kann.

Durch die unterschiedlichen Entscheidungsbereiche ergibt es sich aber zwangsläufig, daß ein übergeordnetes Gremium, welches beide Entscheidungsbereiche berücksichtigen muß, nur dann sinnvolle Entscheidungen treffen kann, wenn es die Bivalenz des Geschehens (Administration - medizinische Versorgung) berücksichtigt.

Eine ordnungsgemäße Versorgung der Patienten ist an einen reibungslosen Ablauf der Medikamentenversorgung gebunden. Hier kann z.B. die Datenverarbeitung Führungs- und Steuerungsfunktionen übernehmen. Die Anforderungen von Medikamenten an die Zentralapotheke erfolgen von den Stationen on-line mit dem Ergebnis, daß durch den Rechner in der Apotheke die einzelnen Anforderungslisten in Form von Kommissionierungslisten, sortiert nach Lagerorten, ausgedruckt werden. Dadurch erreichen wir sowohl die Steuerung als auch den Ansatz zur Rationalisierung. Nach jahrelanger Beobachtung der Bestellvorgänge aller Stationen und Polikliniken in der Apotheke können wir heute jedem einzelnen Bereich ein spezifisches Medikamentenspektrum zuordnen. Wir können dabei auch erkennen, daß in der Regel z.Zt. für die Normalstationen etwa 100 - 150 Medikamente, einschließlich der verschiedensten Applikationsformen, wie Tabletten, Zäpfchen, Ampullen, Säfte etc., benötigt werden. Hierbei zeigt sich auch bei diesen kleinen Einheiten, daß im Jahresüberblick etwa 30% dieser Menge 90% des Bedarfs ausmacht. (Abb. 1 u. Tab. 1, die Angaben beziehen sich auf das gesamte Klinikum).

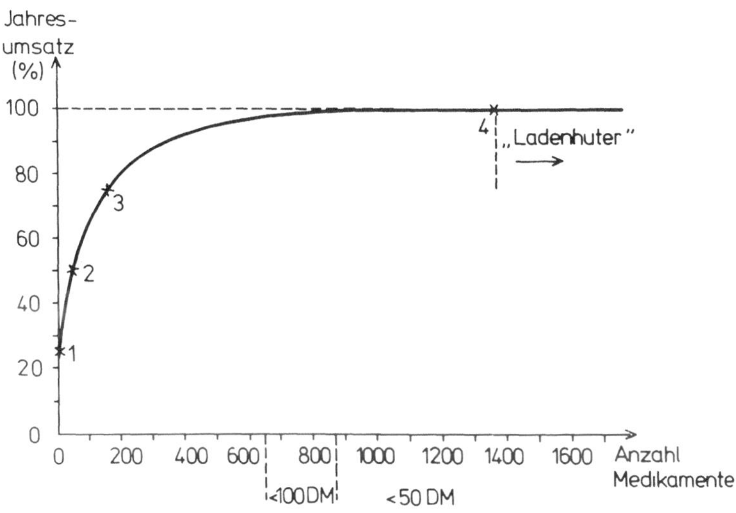


Abb. 1 Umsatzanalyse eines Medikamentenlagers

| | | | | |
|---|---|---|---|---|
| | 50 % DES JAHRESUMSATZES | = | 32 | MEDIKAMENTE |
| | 80 % DES JAHRESUMSATZES | = | 171 | MEDIKAMENTE |
| | 90 % DES JAHRESUMSATZES | = | 372 | MEDIKAMENTE |
| NUR | 10 % DES JAHRESUMSATZES | = | CA. 1.600 | MEDIKAMENTE |

Tab. 1 Anteil einzelner Medikamente am Jahresumsatz der Apotheken eines Universitätsklinikums

Durch gleichzeitige monatliche Auflistung des Verbrauchs im gesamten Klinikum, sowohl nach Menge als auch nach Kosten, erkannten wir Anfang des Jahres 1977, daß besonders die Eiweißsubstitutionsderivate (wie z.B. Humanalbumin) die fünf teuersten Medikamente mit einem Anteil von 30 - 40% der Gesamtausgaben des monatlichen Verbrauchs wurden. Entsprechende Aufgliederungen auf die einzelnen Kliniken ließen erkennen, in welchen Kliniken - und hier wieder speziell in welchen Stationen - diese Medikamente besonders häufig verbraucht wurden. Seit Juni 1977 werden diese Aufgliederungen in Listenform regelmäßig den einzelnen Kliniksdirektoren zugesandt. Ab Juni, deutlicher ab Juli 1977, ist der gesamte Medikamentenverbrauch rückläufig. Dabei ist der Verbrauch der als sehr kostenaufwendig erkannten Medikamente besonders zurückgegangen.

Betrachtet man diesen Vorgang in den einzelnen Kliniken - und hier haben wir die fünf Kliniken untersucht, deren monatlicher Medikamentenverbrauch über 100.000 DM liegt - so ist bei allen nach der Information ein Rückgang mit Schwankungen zu erkennen, wobei der gleichzeitige Rückgang der fünf teuersten Medikamente der jeweiligen Klinik in etwa parallel zum gesamten Rückgang läuft. Es sind aber auch exzessive Absenkungen erkennbar. Daraus ergibt sich, daß allein durch Informieren, ohne dirigistische Maßnahmen, nach Abklingen emotionaler Wellen, eine Sachbezogenheit eintritt.

Das vorgestellte Beispiel zeigt sehr deutlich den Einfluß der Datenverarbeitung als Steuerungsinstrument sowohl für den medizinischen als auch für den administrativen Bereich. Die Reihe der Beispiele ließe sich fortsetzen und es ließe sich eine Folge von Punkten aufstellen, die in nächster Zukunft einer genaueren Untersuchung unterzogen werden müssen. Aus diesen Punkten sei hier nur die Frage der Verweildauer erwähnt und noch kurz angesprochen.

Die mittlere Verweildauer ist ein Begriff, mit dem alle, die sich für kompetent oder berufen halten, glauben beurteilen zu können, ob in einem Klinikum ordnungsgemäß und zügig gearbeitet wird. Eine nähere Analyse unter mathematischen Gesichtspunkten zeigt aber, daß es sich hier um eine Meßgröße handelt, die alles andere als aussagefähig ist. Wir konnten durch entsprechende Untersuchungen an einem großen Material feststellen, daß allein durch das Eintreten von Zufälligkeiten Verschiebungen dieser Maßzahl um 1 - 2 Tage nach oben und unten erfolgen. Wir konnten auch feststellen, daß 50% der Behandlungen weit von dieser Größe, die nach dem arithmetischen Mittel bestimmt wird, erfolgen. Ursache für dieses Geschehen ist die Tatsache, daß es sich um extrem linksschiefe oder Mischverteilungen innerhalb der einzelnen Kliniken handelt.

Hinzu kommt - und das konnte ich beispielsweise an einem größeren Material an der Chirurgischen Klinik in Tübingen feststellen -, daß auch die Population und die Art der Behandlungen Einfluß auf die Liegedauer haben. Eine Klinik, die beispielsweise überwiegend Blinddärme, Leistenhernien und evtl. noch saubere Gallen operiert, hat zwangsweise eine kürzere Verweildauer als eine Klinik, die große Bauch- und Carzinomchirurgie, einschließlich der Thorax- und der großen Unfallchirurgie, betreibt. Unsere Untersuchungen weisen darauf hin, daß möglicherweise diese falsch berechnete Verweildauer, die als Meßgröße bei den Formeln zu regionalen Bettenbedarfsplanungen in den Zähler eingeht, mit Ursache für den Bettenüberhang sein kann. Wir haben begonnen, mit der Erfassung zusätzlicher Daten aus dem medizinischen Bereich und durch Anwendungen aufwendiger mathematischer Simulationsmodelle, einschließlich auch Modelle mit warteschlangentheoretischen Ansätzen, diesen Dingen näher auf den Grund zu gehen. Sollte sich unser Verdacht bestätigen, so könnten aus der Sicht der volkswirtschaftlichen Betrachtung größere Einsparungen dadurch entstehen, daß bei den Bettenbedarfsplanungen, die heute bis 1985 angesetzt werden, bereits dieser Überhang exakter berücksichtigt werden könnte.

Die Wege, die ich wegen der Kürze der Zeit nur sehr knapp aufgezeigt habe, sind erst Anfänge. Wir müssen dahin kommen, daß wir erkennen können, was uns im Einzelfalle eine Erkrankung kostet und welche Einzelaufwendungen im Mittelwert pro Erkrankungsfall notwendig sind. - Heute weiß kein Mensch, was Krankheit wirklich kostet. - Nur dann ist eine exakte, auch wirtschaftlich vertretbare Steuerung eines Klinikums durchführbar. Hier sind uns die Amerikaner, wo bereits mindestens 4.000 US-Krankenhäuser mit der Datenverarbeitung arbeiten, wieder einmal voraus. Ein wichtiger Grund für die rasche Verbreitung dieses EDV-Einsatzes war die Regierungsvorschrift, Kosten- und Qualitätsdaten der medizinischen Versorgung aus dem Bereich der öffentlich geförderten Gesundheitsprogramme abzuliefern. Dabei steht heute in den Staaten nicht mehr die reine Kostenfrage - sowohl des Krankenhauses als auch der Datenverarbeitung - im Vordergrund - im Gegensatz zu uns -, sondern die Frage, ob die medizinische Versorgung für den Einzelfall auch angebracht ist. Damit wird die Frage der Wirtschaftlichkeit sehr viel stärker in das Bewußtsein gebracht. Die erfaßten Daten werden in zunehmendem Maße durch das Krankenhaus-Management genutzt. Personal-Informations-Systeme geben Übersicht und Detaildaten zum kostenintensivsten Krankenhausbereich, dem Personaleinsatz. -

Sehr viel weiter als bei uns ist in Amerika auch die permanente Kostenanalyse medizinischer Leistungen und Anforderungen für die einzelnen Behandlungsfälle. Diese Informationen geben dem Management wichtige Hinweise zur Effektivität neuer Techniken und evtl. auch zur Notwendigkeit, diese Techniken einzusetzen, sowie dann entsprechende Personalfortbildungen rechtzeitig vorzunehmen. Als Beispiel für die Maßnahmen in den USA zwei Tabellen aus einer Arbeit von Daniel BARKER: "Management Reports Can Help Control Costs" (Tab. 2). Dabei geht es um eine Kostenanalyse der transurethralen Resektion. Diese Untersuchung zeigt z.B., daß bei den restlichen 10% aller Patienten enorm hohe Kosten in der Nuklearmedizin, der Radiologie und ganz besonders der Apotheke anfallen. Auch Vergleiche mit dem Vorjahr werden herangezogen, um die Behandlungsverfahren bei der gleichen Erkrankung über die Zeitabläufe beurteilen zu können (Tab. 3). Die Amerikaner stehen auf dem Standpunkt, daß solche Aufstellungen, die mit Hilfe der EDV gewonnen werden, für das Management entscheidende Argumentationshilfen gegenüber dem eigenen Personal, der Öffentlichkeit, den Krankenhausträgern und den Krankenversicherungen darstellen.

Ich glaube, daß es unstrittig ist, daß der Einsatz der Datenverarbeitung großen Einfluß auf die Steuerung in einem Krankenhaus in Form von Grundlagen zu Managemententscheidungen haben kann. Haben wir aber in unserem System überhaupt die Möglichkeit, ein Management - z.B. durch einen Vorstand des Klinikums - analog zur Industrie durchzuführen ? Hier muß man leider, bezogen auf die Universitäten, nein sagen. Im Gegensatz zu einem Vorstand, der einen Aufsichtsrat über sich hat und wo aufgrund des Aktiengesetzes dem Aufsichtsrat untersagt ist, Tätigkeiten des Vorstandes an sich zu ziehen, haben wir eine Oberbehörde, die das wesentlichste Instrument eines Vorstandes, nämlich die Entscheidung über das Geld, besitzt. Da auch in der Oberbehörde, die sowohl der politischen Entscheidung unterstellt ist, als sich auch mit den Prüfungsbehörden auseinanderzusetzen hat, ein hierarchischer Aufbau mit verschiedenen Entscheidungsebenen vorliegt, wird die Frage

| SERVICE | AVERAGES FOR ALL PATIENTS | | AVERAGES FOR 90 PERCENT OF PATIENTS | |
|---|---|---|---|---|
| | UNITS OF SERVICE | COST | UNITS OF SERVICE | COST |
| ROUTINE | 10,9 | $ 857,10 | 9,3 | $ 731,29 |
| CENTRAL SUPPLY | 14,8 | 40,77 | 12,3 | 32,29 |
| LABORATORY | | | | |
| BACTERIOLOGY | 2,4 | 42,23 | 1,9 | 35,55 |
| CHEMISTRY | 4,5 | 65,32 | 3,7 | 59,17 |
| SPEZIAL CHEMISTRY | 1,2 | 19,28 | 0,3 | 6,54 |
| HEMATOLOGY | 4,1 | 30,98 | 3,5 | 26,67 |
| BLOOD BANK | 3,0 | 60,77 | 2,9 | 59,51 |
| URINALYSIS | 1,4 | 6,62 | 1,0 | 6,06 |
| PATHOLOGY | 1,8 | 35,94 | 1,6 | 32,34 |
| | 18,4 | 261,14 | 14,9 | 255,84 |
| NUCLEAR MEDICINE | 0,4 | 25,39 | 0,1 | 13,27 |
| RADIOLOGY | 3,3 | 96,45 | 1,9 | 53,34 |
| ANESTHESIA | 2,5 | 63,24 | 2,1 | 47,33 |
| OPERATING ROOM | 1,3 | 217,42 | 1,3 | 212,06 |
| RECOVERY ROOM | 1,2 | 38,67 | 1,2 | 38,67 |
| PHARMACY | 127,7 | 200,79 | 56,6 | 158,17 |
| ECG | 1,7 | 25,87 | 1,7 | 25,43 |
| INHALATION THERAPY | 4,3 | 32,14 | ---- | --- |
| TOTAL | 186,0 | $ 1.858,94 | 101,4 | $ 1.567,69 |
| RATIO | 100,0 | 100,0 | 54,5 | 84,3 |

Tab. 2 Financial criteria for use in audit of transuretheral resection
aus: D. BAKER, Management reports can help control costs.

| | 1976 | | | 1975 | |
|---|---|---|---|---|---|
| | NUMBER OF CASES | AVERAGE COST/CASE | TOTAL COST | AVERAGE COST/CASE | TOTAL COST (1975 AVERAGE COST/CASE X 1976 VOLUME) |
| CHRONIC ISCHEMIC HEART DISEASE | 1.744 | $ 1.381,25 | $ 2.408,900 | $ 1.438,00 | $ 2.507,872 |
| BENIGN HYPERTENSION | 956 | 970,69 | 870,620 | 1.076,29 | 1.028,933 |
| NORMAL DELIVERY | 931 | 744,63 | 693,251 | 627,47 | 584,175 |
| URETHRAL STRICTURE | 548 | 682,10 | 373,791 | 640,55 | 351,021 |
| CONGESTIVE HEART FAILURE | 533 | 1.557,47 | 830,132 | 1.622,39 | 864,734 |
| ABDOMINAL PAIN | 404 | 686,23 | 277,439 | 587,75 | 237,451 |
| BENIGN PROSTATIC HYPERPLASIA | 371 | 1.588,26 | 589,244 | 1.477,56 | 548,175 |
| LUMBAR DISC DISPLACEMENT | 314 | 1.669,57 | 524,245 | 1.541,98 | 484,182 |
| FIBROCYSTIC DESEASE OF THE BREAST | 287 | 625,35 | 179,475 | 561,20 | 161,064 |
| INGUINAL HERNIA | 207 | 941,28 | 174,145 | 849,36 | 175,818 |
| TOTAL COST | | | $ 6.921,282 | | $ 6.943,425 |

Tab. 3 Number and costs of the 10 most common admissions for 1975 and 1976,
W. CRAWFORD, Long Memorial Hospital

nach dem wichtigsten Gegenstand der Arbeit eines Managements zur Farce. Da es häufig Monate oder Jahre dauert, bis dort Entscheidungen gefällt werden, können vor Ort nur selten schnell wirtschaftlich notwendige Entscheidungen getroffen werden.

Die derzeitige Situation hat mir ein langjährig erfahrener, von diesen Vorgängen betroffener Verwaltungsdirektor vor einiger Zeit so geschildert, daß er sagte: "Jeder Versuch zu einem managementähnlichen Verhalten geschieht mit schlechtem Gewissen, weil es immer den rechtsüberschreitenden Ausbruch aus starren Bindungen bedeutet. In dieser gewollt starren Bindung ist die Verwaltung kein Manager, sondern ein Berichterstatter. Wenn ein Problem auftaucht, wird es nicht gelöst, sondern berichtet. Der Berichtempfänger ist nun aber wieder eine vielschichtige Behörde, wodurch die Problemlösung zu dem quälenden, zeitraubenden Verfahren wird, das die Verwaltung überall in Mißkredit bringt."

Trotz dieser deprimierenden, heute noch vorhandenen Diskrepanz zwischen Gegebenheiten und Möglichkeiten wird sich der Einsatz der auf den medizinischen Bereich angewandten Informatik - bei inzwischen nachgewiesenem und teilweise auch schon anerkanntem Nutzen - als Führungs- und Steuerungsinstrument weiter im Interesse sowohl der Patienten als auch jedes Einzelnen als Teil der Sozialgemeinschaft durchsetzen.

# COMPUTERUNTERSTÜTZTE DIAGNOSTIK - PROBLEME, ERFAHRUNGEN UND ENTWICKLUNGSAUSSICHTEN

Jörg Michaelis, Mainz

## 1. EINLEITUNG

Die sprunghafte Entwicklung der Computertechnologie führte allgemein zu einer hohen Erwartungshaltung gegenüber der elektronischen Datenverarbeitung. Viele dieser Erwartungen sind bereits Wirklichkeit geworden - Stichwort: Rechnereinsatz als eine der Grundlagen für die Raumfahrt - andere Erwartungen erwiesen sich als überhöht und mußten korrigiert werden - Stichwort: Spracherkennung und Übersetzungsautomaten.

Im Hinblick auf den Computereinsatz in der Medizin, insbesondere auch für diagnostische Fragestellungen, erreichte die Welle hochgespannter Erwartungen in den USA einen ersten Höhepunkt zu Ende der 60er Jahre, der mit einem geringen Zeitverzug in Deutschland zu registrieren war, nachdem bereits vor 17 Jahren WARNER eine vielbeachtete Arbeit über den Computereinsatz für die ärztliche Diagnostik angeborener Herzfehler veröffentlichte. Als sich herausstellte, daß für viele Fragestellungen der Computereinsatz nur sehr langsam vorangetrieben werden konnte, für gewisse Bereiche auch nicht die erwarteten Erfolge bringen würde, erfolgte aus den enttäuschten Erwartungen eine Gegenreaktion, die zum Teil ebenso überschießend war wie zunächst die optimistischen Erwartungen.

In meiner heutigen Vorlesung sollen Probleme der computerunterstützten Diagnostik anhand einer Kurzbeschreibung verschiedener theoretischer Ansätze dargestellt werden.
Ausführlicher werde ich auf Erfahrungen und aktuelle Entwicklungen im Bereich der Biosignalverarbeitung, insbesondere der automatischen EKG-Analyse, eingehen und die Entwicklungsmöglichkeiten dieses speziellen Bereiches in Beziehung setzen zu den allgemeinen Entwicklungsaussichten der computerunterstützten Diagnostik.

Im Rahmen des diagnostischen Prozesses kann die EDV zur Erhebung der Anamnese und des körperlichen Befundes genutzt werden: Diese Nutzung erfolgt bei der Dokumentation und ermöglicht unter anderem die Durchführung von Plausibilitäts- und Vollständigkeitskontrollen. Im Rahmen der weiteren Befunderhebung wird der Computer u.a. für folgende Bereiche eingesetzt: Im klinischen Labor dient er zur Meßwertverarbeitung, zur Steuerung der Analysengeräte, zur Datenvermittlung, Verlaufs- und Qualitätskontrolle. Wichtige Anwendungsgebiete liegen in der Radiologie, hier dient der Rechnereinsatz sowohl der systematischen Befunddokumentation wie der Bildverarbeitung und Therapieplanung. Die automatische Bildverarbeitung wurde mit bisher geringem Erfolg auch für die Chromosomenanalyse und die Zytologie erprobt.

Auf der letzten Stufe des diagnostischen Prozesses, bei der Differentialdiagnose, wurde der Computereinsatz unter anderem in folgenden Bereichen erprobt: Diagnose angeborener Herzfehler, hämatologischer Erkrankungen, Schilddrüsenerkrankungen, Differentialdiagnose des Ikterus, Diagnosenunterstützung bei Vergiftungsfällen.

Die Auswahl der medizinischen Gebiete dürfte oft zufällig durch persönliches Interesse einzelner Forscher am Einsatz der neuen Technologie erfolgt sein, andererseits weist die Häufung der Anwendungen in bestimmten Bereichen auf die Eignung dieser Bereiche für den EDV-Einsatz hin.

Ein großer Teil der aus den genannten Gebieten veröffentlichten Untersuchungen hat einen modellmäßigen Charakter. Übertragungen der publizierten Programme an dritte Stellen waren häufig nicht erfolgreich; einige der Gründe hierfür werden später noch gezeigt.

## 2. VERFAHREN ZUR COMPUTERUNTERSTÜTZTEN DIAGNOSTIK

Im folgenden möchte ich einige Verfahren stichwortartig charakterisieren, die im Rahmen der computerunterstützten Diagnostik angewendet werden. Als erstes sind hier die *deterministischen Ansätze* zu nennen, die mit dem Schlagwort "Umsetzung von Lehrbuchwissen in Computerprogramme" charakterisiert werden können. Hierbei geht man so vor, daß man zu den einzelnen in Betracht kommenden Krankheiten Symptomlisten aufstellt. Das aktuell bei einem Patienten beobachtete Muster verschiedener Symptome wird dann mit Hilfe des Rechners mit den für die einzelnen Krankheiten gespeicherten Symptommustern verglichen. Hierbei kann auch eine Gewichtung der verschiedenen Symptome vorgenommen werden, wie sie der Charakterisierung als Leitsymptome, fakultative Symptome, Sperrsymptome usw. entspricht. Neue Erkenntnisse über Krankheiten und Symptomkonstellationen werden bei diesem Verfahren prinzipiell nicht gewonnen. Der Vorteil des Computereinsatzes liegt in der hohen Arbeitsgeschwindigkeit: Man kann eine Vielzahl diagnostischer Alternativen in extrem kurzer Zeit überprüfen; dieses Vorgehen hat für die Diagnostik seltener Krankheiten besondere Bedeutung.

Die systematische Aufarbeitung der Lehrbuchliteratur für entsprechende Programme kann bei der praktischen Anwendung wichtige Erkenntnisse vermitteln: So überprüfte beispielsweise PIPBERGER anhand eines grösseren Patientenkollektivs etwa 500 verschiedene, in der Literatur für die Differentialdiagnose von Schmerzen im Bereich des Brustkorbes beschriebene Symptome. Er stellte fest, daß die Berücksichtigung von nur 5 anamnestischen Angaben in demselben Maß die Unterscheidung zwischen einer Lungenembolie und einem akuten Herzinfarkt ermöglichen kann wie das Urteil eines erfahrenen Facharztes. Analoge Untersuchungen wurden für die Differentialdiagnose von Gelenkschmerzen veröffentlicht. Hiermit ist die Frage angesprochen, ob nicht manches von dem, was heute dem Bereich "ärztliche Erfahrung" zugeordnet wird, in stärkerem Ausmaß lehrbar ist als bisher vermutet. Weiterhin weisen diese Untersuchungen auf Möglichkeiten zur Optimierung diagnostischer Strategien.

Eine weitere Gruppe der hier zu besprechenden Verfahren sind die sogenannten *probabilistischen Ansätze*. Hierbei handelt es sich um statistische Verfahren mit praktischer Anwendung der Wahrscheinlichkeitsrechnung. Die in diesem Zusammenhang viel zitierte BAYES'sche Formel hat für eine unmittelbare praktische Anwendung nur geringe Bedeutung. Es lassen sich jedoch wichtige Grundsatzüberlegungen mit diesem Ansatz gut veranschaulichen. Die sogenannte a-posteriori-Wahrscheinlichkeit für das Vorliegen einer Krankheit, wenn eine bestimmte Symptomkonstellation S beobachtet wird, läßt sich aus den a-priori-Wahrscheinlichkeiten für das Auftreten der Krankheit und den Wahrscheinlichkeiten, mit denen S bei den einzelnen Krankheiten auftritt, berechnen. Die letzteren Wahrscheinlichkeiten sind relativ einfach aus Krankheitsbeobachtungen zu schätzen, die a-priori-Wahrscheinlichkeiten sind schwieriger zu schätzen, da umfassende Morbiditätsstatistiken nur in wenigen Bereichen zur Verfügung stehen und weil die a-priori-Wahrscheinlichkeiten jeweils für die Population bekannt sein oder geschätzt werden

## BAYES'SCHE FORMEL

$S$ = Krankheitssymptom

$K_1, K_2, \ldots, K_n$ = n verschiedene Krankheiten

$P(S|K_i)$ = Wahrscheinlichkeit, das Symptom S bei der Krankheit $K_i$ zu beobachten

$P(K_i)$ = "a-priori"-Wahrscheinlichkeit für das Auftreten der Krankheit $K_i$

$P(K_j|S)$ = "a-posteriori"-Wahrscheinlichkeit für das Vorliegen der Krankheit $K_j$, wenn das Symptom S beobachtet wurde

$$P(K_j|S) = \frac{P(K_j) \cdot P(S|K_j)}{\sum_{i=1}^{n} P(K_i) \cdot P(S|K_i)}$$

müssen, aus denen ein zu untersuchender Patient kommt. Dies bedeutet, daß z.B. bei derselben Erkrankung in Hamburg eine andere a-priori-Wahrscheinlichkeit berücksichtigt werden muß als in München, daß auch innerhalb einer Stadt Unterschiede zwischen den Praxen niedergelassener Allgemeinärzte, der Fachärzte sowie den Krankenhausambulanzen wirksam werden. Innerhalb eines Krankenhauses wiederum bestehen Unterschiede dieser Wahrscheinlichkeiten zwischen den Patienten, die im regulären Aufnahmeverfahren in die Klinik kommen, und den Notaufnahmen. Die hieraus resultierenden Konsequenzen bei der Anwendung des BAYES'schen Ansatzes können durchaus kritisiert werden. KOLLER hat in diesem Zusammenhang die Frage gestellt, ob es im Rahmen einer computerunterstützten Diagnostik zu rechtfertigen sei, daß das Auftreten einer Tuberkulose während einer Grippeepidemie eine geringere Chance der diagnostischen Klärung besitzt als zu einem anderen Zeitpunkt. Andererseits mutet die etwas banal formulierte Regel, die jungen Ärzten von erfahrenen Kollegen mitgegeben wird: "Häufiges ist häufig, Seltenes ist selten", wie ein Bekenntnis zur Nutzung von a-priori-Wahrscheinlichkeiten an, die zur Zeit intuitiv sicher in einem wesentlich grösserem Ausmaß verwendet werden, als es dem Einzelnen bewußt ist. Die folgende Karikatur ist wohl ebenso alt wie der Versuch, eine computerunterstützte Diagnostik zu realisieren. Sie soll an dieser Stelle zeigen, daß derartige Fehldiagnosen bei einer Verwendung geeigneter a-priori-Wahrscheinlichkeiten vermieden werden. Ein analoges Beispiel ist die Diagnose Herzinfarkt bei der automatischen EKG-Analyse im Kindesalter.

"DER COMPUTERBEFUND ERGIBT, DASS SIE MIT GRÖSSTER WAHRSCHEINLICHKEIT IM DRITTEN MONAT SCHWANGER SIND ....."

Um nicht die Diagnose seltener Krankheiten im Rahmen einer computerunterstützten Diagnostik durch Einführung von a-priori-Wahrscheinlichkeiten unmöglich zu machen, erscheint das folgende zweistufige Vorgehen zweckmäßig: In einer ersten Stufe wird die Wahrscheinlichkeit für das Vorliegen einer Krankheit ohne Berücksichtigung von a-priori-Wahrscheinlichkeiten berechnet, in einer zweiten Stufe werden diese mit in die Rechnung eingeführt. Der Arzt hat dann für seine Entscheidung die unmittelbare Information, wie stark sich die Berücksichtigung dieser a-priori-Wahrscheinlichkeiten auswirkt. Eigene Erfahrungen haben im Zusammenhang mit der automatischen EKG-Analyse gezeigt, daß auch die Einführung sehr hoher oder sehr niedriger a-priori-Wahrscheinlichkeiten die Diagnostik meist nur dann modifiziert, wenn es sich um Grenzbefunde handelte.

Die Bayes'sche Formel ist auch zur Beurteilung des Einsatzes von diagnostischen Verfahren zu Vorsorge-Untersuchungen von besonderem Interesse. Wenn z.B. ein Test bei 99 % der Personen, die an einer bestimmten Krankheit leiden, positiv ausfällt und nur bei 5 % der Gesunden, so würde man ihn zunächst intuitiv als sehr geeignet zum Einsatz bei Screening-Vorsorgeuntersuchungen ansehen, weil es nicht viele Einzeltests gibt, die so scharf zwischen Gesunden und Kranken trennen können. Wenn jedoch die Krankheit selten ist und z.B. bei 1000 untersuchten Fällen nur einmal vorkommt, so finden sich unter 100 Fällen, bei denen der Test positiv ist und damit für das Vorliegen der Krankheit spricht, nur 2 Kranke.

Das Trennverfahren, auch als *Diskriminanzanalyse* bezeichnet, kann in verschiedenen Bereichen sehr erfolgreich eingesetzt werden. Es handelt sich hierbei um ein statistisches Verfahren, bei dem unter Annahme gewisser Voraussetzungen die Information von mehreren Beobachtungen gemeinsam optimal genutzt wird. Bereits zwei Merkmale, die, jedes für sich betrachtet, nur schwach zwischen Gesunden und Kranken differenzieren, können bei günstiger Konstellation durch den diskriminanzanalytischen Ansatz für eine nahezu vollständige Trennung der beiden Populationen genutzt werden. Man rechnet dieses Verfahren zu den sogenannten multivariaten Verfahren, bei denen eine große Zahl von Einzelmerkmalen in die rechnerische Auswertung eingehen kann. Ohne auf weitere methodische Einzelheiten einzugehen, sei hier lediglich erwähnt, daß sich dieses Verfahren im Gegensatz zu den oben erwähnten deterministischen Ansätzen nur dann verwenden läßt, wenn die Zahl der in Betracht kommenden Diagnosen nicht besonders groß ist. Die Formeln, die eine diskriminanzanalytische Klassifikation der an einem Patienten beobachteten Merkmal ermöglichen, müssen an relativ großen Patientengruppen gewonnen werden, die auf Grund sogenannter Außenkriterien als den verschiedenen Krankheiten zugehörig definiert wurden. Einer der Vorteile des Verfahrens besteht darin, daß mit Hilfe des statistischen Ansatzes die Möglichkeit besteht, neue Aussagen über die diagnostische Bedeutung einzelner Symptome und Symptomkonstellationen zu gewinnen und damit die Diagnostik zu verbessern. Es ist durchaus möglich, daß ein Symptom, das für sich allein überhaupt nicht dazu beitragen kann, zwei Krankheiten voneinander zu differenzieren, im Rahmen der Diskriminanzanalyse ein starkes, trennwirksames Gewicht erhält in der Kombination mit den übrigen Symptomen und damit den Rang eines Leitsymptoms gewinnt. Derartige Erkenntnismöglichkeiten können unter Umständen auch Anregungen zu neuartigen pathogenetischen Vorstellungen liefern.

Neben der Diskriminanazanalyse existieren weitere multivariate statistische Verfahren, die im Rahmen der computerunterstützten Diagnostik genutzt werden. Es seien hier lediglich die verschiedenen Formen der Cluster-Analyse genannt, die es ermöglichen, Krankheitsgruppierungen neu zu definieren, sowie die Verfahren zur Faktorenanalyse, die Gruppen von Symptomen übersichtlich und sinnvoll zusammenfassen lassen. Diese Verfahren sind in rascher methodischer Entwicklung begriffen -

Anwendungserfahrungen aus anderen Bereichen machen deutlich, daß sie auch für die Medizin wesentliche Erkenntnisse liefern werden.

Verschiedene der erwähnten Verfahren können auch als sogenannte *lernende Verfahren* ausgelegt werden. Man beginnt hier mit einer Anfangsdefinition von Krankheiten und läßt dann in einer Folge verschiedener Zyklen das vorgegebene Beobachtungsgut mehrfach klassifizieren. Die intermediär gewonnenen Informationen werden dabei zu einer Verbesserung der Klassifikation genutzt. Eigene Untersuchungen haben ergeben, daß in einer Anfangsdefinition bewußt falsch klassifizierte Fälle überraschend schnell den richtigen Gruppen zugeordnet wurden.

Die Kombination verschiedener der erwähnten Verfahren wird mit dem anspruchsvollen Namen artificial intelligence bezeichnet, der auf die Möglichkeiten zur Gewinnung neuer Erkenntnisse hinweist.

Von großer praktischer Bedeutung ist die Auswahl einer geeigneten Methode für eine spezielle diagnostische Fragestellung. Die Anwendungssituation sieht meistens so aus, daß die jeweiligen Voraussetzungen der verschiedenen Verfahren nur mehr oder weniger gut erfüllt sind. Theoretische Aussagen über die Auswirkung einer Verletzung der Voraussetzungen können meist nicht gegeben werden, gelegentlich sind hier Simulationsuntersuchungen aufschlußreich, in der Regel ist man auf die praktische Erprobung angewiesen.

Wichtig für die Anwendung aller Verfahren ist die sogenannte *Kreuzvalidierung*. Hierunter versteht man die Erprobung einer Methode, die anhand einer bestimmten Stichprobe von Patienten entwickelt wurde, an davon unabhängigen neuen Patienten. In der ersten Phase der Entwicklung von diagnostischen Programmen stützte man sich häufig nur auf kleine Patientengruppen und wendete zur Schätzung der Fehlklassifikationsraten die Programme wieder auf dieselben Fälle an. Dieses Vorgehen beinhaltet einen Zirkelschluß und liefert zu optimistische Schätzungen. Wenn es auch verlockend erscheint, alle verfügbaren Informationen eines Patientenkollektives zur Aufstellung diagnostischer Algorithmen zu verwenden, so muß man doch einen Teil der Fälle zur Kreuzvalidierung benutzen. Für die Diskriminanzanalyse wurde hier ein eleganter Ausweg vorgeschlagen: Man läßt bei der Berechnung der Trennfunktionen einen Fall aus, der dann mit den so gewonnenen Formeln klassifiziert wird. Dieses Vorgehen wird für alle Fälle wiederholt und liefert damit eine Schätzung von Fehlklassifikationsraten ohne den Fehler des Zirkelschlusses.

Die Kreuzvalidierung mit Angabe der verschiedenen Fehlklassifikationsraten (falsch positiv/falsch negativ) ist heute standardmäßig bei neu entwickelten Programmen zu fordern, um deren Einsatzmöglichkeiten zuverlässig beurteilen zu können.

## 3. ANWENDUNGSBEISPIEL: AUTOMATISCHE EKG-ANALYSE

Das Gebiet der Biosignalverarbeitung, insbesondere die automatische EKG-Analyse, erscheint aus verschiedenen Gründen für eine beispielhafte Darstellung unseres Themas geeignet: Die einzelnen Schritte, die zur automatischen EKG-Analyse erforderlich sind, haben vieles gemeinsam mit anderen Ansätzen zur computerunterstützten Diagnostik.
Wenn auch das EKG einen Befund und keine Diagnose liefert, so ist der Vorgang der Befundung doch durchaus dem diagnostischen Prozeß vergleichbar.

Die automatische EKG-Analyse als Prototyp einer aussichtsreichen Entwicklung auf dem Gebiet der computerunterstützten Diagnostik wurde und wird in ihrem Entwicklungsstand häufig überschätzt und kann auch in dieser Hinsicht als Beispiel gelten.

Der *Ablauf der automatischen EKG-Analyse gliedert* sich in die Schritte Datenerfassung und Analog-Digitalumwandlung, Wellenerkennung und Vermessung, diagnostische Befundung und Datenpräsentation.

Bei der EKG-Registrierung werden vom Herzen ausgehende elektrische Potentiale erfaßt und üblicherweise als Kurven, die den zeitlichen Ablauf der Potentialschwankungen wiedergeben, aufgezeichnet. Zur Verarbeitung im Computer müssen die Signale in eine Folge einzelner Meßwerte zerlegt werden. Für diesen Vorgang, den man als *Analog-Digitalumwandlung* bezeichnet, wurden frühzeitig entsprechende Geräte entwikkelt, die damit die Grundlage einer automatischen Analyse darstellen. Diese Geräte, die anfänglich sehr störanfällig und ungenau waren, sind zwischenzeitlich technisch voll ausgereift und extrem preisgünstig geworden.

Der nächste Schritt besteht darin, daß der Computer aus den einzelnen Zahlenwerten, die den Verlauf der ursprünglichen Kurven charakterisieren, die Anfangs- und Endpunkte typischer Kurvenabschnitte festlegt. Diese Aufgabe wird auch allgemein als *Mustererkennung* bezeichnet und bietet eine Fülle von Schwierigkeiten. Bei guter Registriertechnik bereitet die Abgrenzung der einzelnen Wellen einem einzelnen Arzt in der Regel keinerlei Schwierigkeiten. Mit großer Wahrscheinlichkeit werden aber verschiedene Auswerter Anfangs- und Endpunkte der Wellen unterschiedlich festlegen - insbesondere bei flachem Potentialanstieg -, weil zwar jeder weiß, wie z.B. eine P-Welle aussieht, exakte Kriterien für Anfang und Ende aber nicht bestehen. Die Relevanz hierdurch bedingter Differenzen mag zwar häufig nur gering sein, dennoch hat die von RAUTAHARJU erhobene Forderung, Anfangs- und Endpunkte müßten allgemein verbindlich algorithmisch definiert werden, durchaus ihre Berechtigung, wenn sie auch zunächst als absurdes Ansinnen eines Computerspezialisten erscheinen mag. Bei der Aufstellung des sogenannten Minnesota-Codes wurde bereits ein Schritt in diese Richtung unternommen.

Während es noch relativ einfach gelingt, durch das Aufstellen empirisch gewonnener Regeln Computerprogramme zu schreiben, die reguläre Muster in ungestörten Signalen mit den erwähnten Einschränkungen zuverlässig erkennen, bildet die Berücksichtigung pathologischer Varianten in Abgrenzung von Störungen besondere Probleme. Die Fähigkeiten eines menschlichen Betrachters zur Assoziation und Invariantenbildung lassen sich nur schwer in Computerprogramme umsetzen. Dies mag durch das folgende Bild (Abb. 1) veranschaulicht werden: Ein Computerprogramm würde bei dem Versuch einer Paarbildung das Gesicht in der Mitte aufgrund der Umrisse und Proportionen eher dem Affen zuordnen als der rechten Zeichnung, es sei denn, die Variante "Mensch mit Hut" ist explizit im Programm vorgesehen.

Abb. 1 Zum Prinzip der Invariantenbildung und- erkennung

Während hier also für den Unbefangenen die Schwierigkeiten unerwartet groß sind, konnten auf der anderen Seite Computerprogramme zur Verbesserung der Bildqualität entwickelt werden, die eine verblüffende Leistungsfähigkeit zeigen. Das Prinzip wird am nächsten Bild veranschaulicht (Abb. 2): Ein Bild, dessen Qualität durch sogenanntes Rauschen stark gemindert wurde, kann durch Anwendung verschiedener Techniken, die im Rahmen der Signalverarbeitung entwickelt wurden, verbessert werden. Sie alle haben derartig aufbereitete Bilder bei den Fernsehsendungen vom Mond oder auch bei Satellitenfotos bereits gesehen.

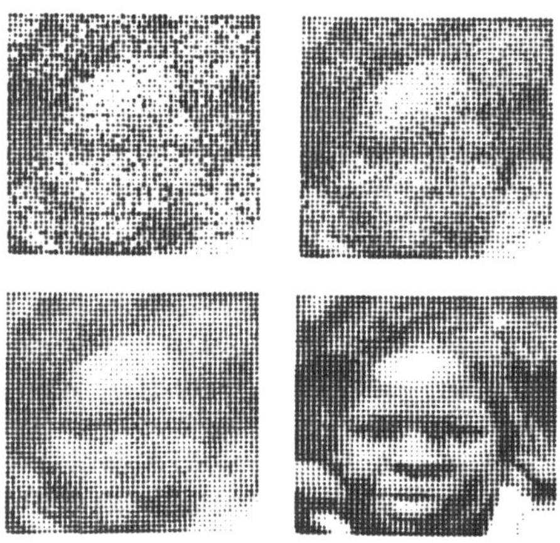

Abb. 2 Digitale Aufbereitung bei verrauschtem Bild

Die großen Erfolge der Computertomographie sowie bei der Bildaufbereitung im Rahmen der nuklearmedizinischen Untersuchungsmethoden basieren auf entsprechenden Computerprogrammen. Das nächste Bild (Abb. 3) zeigt, wie ein stark gestörtes EKG-Signal, das vom menschlichen Betrachter primär nicht mehr beurteilt werden kann, zu einem weitgehend störungsfreien Signal aufbereitet werden kann.

Systematische Störungen - wie in Abbildung 3 veranschaulicht - können gut durch die Anwendung von Filtertechniken eliminiert werden, zufallsbedingte Störungen - wie in dem verrauschten Bild (Abb. 2) gezeigt - u.a. durch Mittelwertbildungen. Für die automatische EKG-Analyse haben die Programme zur Wellenidentifizierung einen hohen Entwicklungsstand erreicht, der nicht mehr wesentlich zu verbessern scheint. Eine Zu-

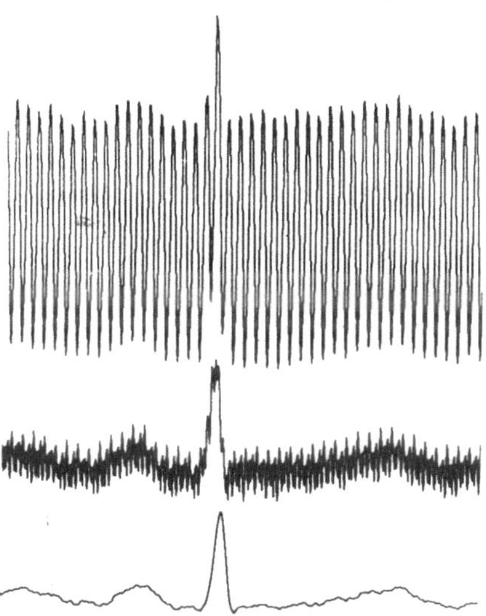

Abb. 3 Effekt digitaler Filterung bei stark gestörtem EKG-Signal

sammenfassung der in verschiedenen Einzelprogrammen besonders gut gelösten Teilprobleme steht jedoch noch aus. Ein kleiner Teil von nicht oder falsch erkannten Wellen wird sich nach den bisherigen Erfahrungen auch in der Zukunft nicht vermeiden lassen. Aus diesem Grunde ist es wichtig, bei der Datenerfassung auf eine gute Signalqualität zu achten.

Bei der *Vermessung* der identifizierten EKG-Abschnitte kommen die Vorteile des Computereinsatzes voll zum Tragen: Für jedes EKG kann eine wesentlich größere Zahl von Meßwerten gewonnen werden als bei der konventionellen Auswertung durch den Arzt. Wenn auch bei der Beurteilung und zur Charakterisierung eines einzelnen EKG's in der Regel nur wenige Meßwerte ausreichen, so wird es jedoch durch den Computer ermöglicht, systematisch an großen Patientenkollektiven eine Vielzahl von Einzelparametern zu bestimmen und diejenigen herauszufinden, die einzeln oder in Kombinationen die größte diagnostische Aussagekraft besitzen.

Zur diagnostischen Beurteilung werden im Rahmen der automatischen EKG-Analyse sowohl deterministische wie probabilistische und multivariate Verfahren erfolgreich verwendet. Die derzeitige Entwicklung geht dahin, innerhalb eines Programmes die verschiedenen Ansätze in Abhängigkeit von den Fragestellungen zu verwenden. Der multivariate Ansatz, wie er in dem Programm von PIPBERGER verwendet wird, verblüfft häufig Kliniker dadurch, daß das EKG eines Patienten in Übereinstimmung mit wichtigen klinischen Befunden korrekt als pathologisch klassifiziert wird, obwohl konventionelle Einzelkriterien nicht erfüllt sind. Dies ist der praktische Effekt des vorher theoretisch als möglich erwähnten diagnostischen Gewinns.

Die *diagnostische Treffsicherheit* der Programme muß vor dem Hintergrund gesehen werden, daß der Nichtfacharzt erfahrungsgemäß in der Beurteilung von Elektrokardiogrammen unsicher ist, daß auf der anderen Seite auch sehr erfahrene Spezialisten gelegentlich zu erstaunlich abweichenden Beurteilungen kommen.

Die Leistungsfähigkeit guter Programme kann heute vorsichtig so beschrieben werden, daß sie in der Regel zuverlässigere Befunde ermöglichen als sie der Nichtfacharzt stellen kann. Da es jedoch in Einzelfällen bei der automatischen EKG-Analyse immer wieder zu gravierenden Fehlurteilen kommt, die auch für den Nichtexperten erkennbar sind, ist in jedem Fall eine abschließende Kontrolle durch den Arzt erforderlich. Eine Arbeitserleichterung besteht jedoch für den Arzt auch bei dieser Vorgehensweise darin, daß er häufig nur einen kurzen Blick auf das EKG werfen muß und dann der übersichtlich dokumentierten automatischen Befundung unmittelbar zustimmen kann.

Exakte Angaben über die Leistungsfähigkeit verschiedener Programme sind praktisch kaum verfügbar, da meist gegen die vorher erwähnten Regeln der Darstellung diagnostischer Fehler verstoßen wird und häufig auch keine Kreuzvalidierung der Programme erfolgt. Doch selbst wenn z.B. mitgeteilt wird, daß bei einem Programm A eine Sensitivität für Vorderwandinfarkt von 95 % beobachtet wurde und ein Programm B bei einem anderen Kollektiv nur 85 % erreichte, so kann dieser Unterschied u.U. lediglich dadurch bedingt sein, daß verschiedene Schweregrade der Erkrankung in den beiden Populationen unterschiedlich häufig vertreten sind. Vergleichende Untersuchungen mehrerer Programme an demselben Material von diagnostisch eindeutig gesicherten Fällen wurden bisher nur selten unternommen. Die Überprüfung der automatisch gewonnenen Befundungen erfolgte häufig durch Vergleich mit einer ärztlichen Auswertung. Dies ist jedoch nur für reine EKG-Diagnosen (z.B. Rechtsschenkelblock, WPW-Syndrom usw.) zulässig. Ansonsten darf die diagnostische Beurteilung eines Computerprogramms nur anhand solcher Fälle erfolgen, bei denen die Diagnose eindeutig anhand von Außenkriterien, z.B. durch charakteristischen klinischen Verlauf, Ergebnisse invasiver Untersuchungsverfahren sowie Autopsiebefunde gestellt wurde.

Das Ergebnis einer automatischen EKG-Analyse wird dadurch besonders aussagefähig gestaltet, daß in Abhängigkeit von der gestellten Diagnose charakteristische Parameter ausgedruckt werden, verbunden mit einer Computerzeichnung des EKG's, in der zur Kontrolle die vom Programm ermittelten Vermessungsbereiche dargestellt sind.
Darüberhinaus können auch spezielle Darstellungstechniken angewendet werden, die einzelne EKG's besonders gut charakterisieren. Als Beispiel hierfür sind in der Abb. 4 zwei Vektorschleifen, links ein normales Vektorkardiogramm, rechts ein Vektorkardiogramm vom sogenannten überdrehten Linkstyp dargestellt, bei denen das räumliche Verhalten der Vektorschleife durch die von uns entwickelte Art der Ausgabe besonders gut zur Darstellung kommt. An weiteren Darstellungstechniken wird zur Zeit in Mainz gearbeitet.

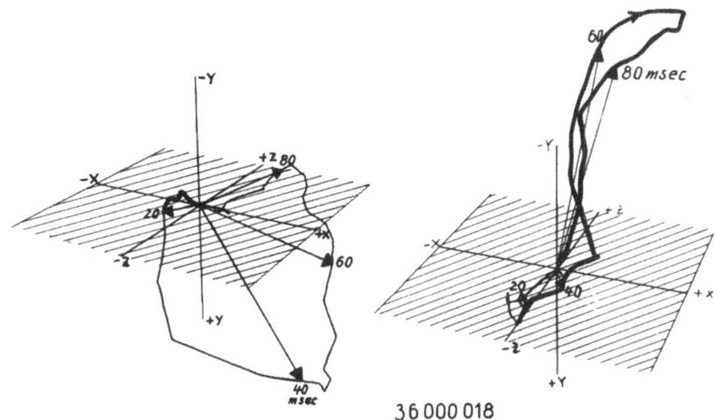


Abb. 4 Perspektivische Plotter-Darstellung von Vektorschleifen. Links: Normalfall, rechts: überdrehter Linkstyp

## 4. SCHWERPUNKTE DER KÜNFTIGEN ENTWICKLUNG BEI DER AUTOMATISCHEN EKG-ANALYSE

Im *Hardware-Bereich* geht die Entwicklung dahin, daß immer kleinere leistungsfähige Rechner zu sinkenden Kosten gebaut werden können. Hierdurch war es der Arbeitsgruppe von DUDECK in Giessen bereits möglich, eines der größeren EKG-Programme auf einen Kleincomputer zu übertragen, der eine automatische EKG-Analyse direkt am Ort der Datenerfassung ermöglicht. Die Vorteile dieses Vorgehens liegen darin, daß die Ergebnisse der Analyse unmittelbar verfügbar sind, Übertragungswege und damit verbundene Fehlermöglichkeiten entfallen und bei einer technisch ungenügenden Aufnahmequalität die Analyse unmittelbar mit einer neuen Aufnahme wiederholt werden kann. Die weitere Entwicklung muß dahin gehen, daß die Speichermöglichkeit derartiger Geräte erhöht wird, um Vergleiche zwischen verschiedenen EKG's durchführen zu können, zum anderen muß die Datenvermittlung an ein übergeordnetes Datensammel- oder Datenbanksystem sichergestellt werden. Weitere Entwicklungen in diesem Bereich erstrecken sich auf eine Verkürzung der Rechenzeit und auf eine Verbesserung der oben erwähnten integrierten Befundausgabe. Schließlich ist noch die Entwicklung von Programmen wünschenswert, die ein interaktives Arbeiten ermöglichen, um z.B. eine Korrektur automatisch gewonnener Wellenidentifikationspunkte vornehmen zu können.

Das nächste Aufgabengebiet stellt sich im Bereich der *Schaffung* sogenannter *validierter Datenbanken*. Es handelt sich hierbei um die systematische Sammlung der EKG-Aufzeichnungen von Patienten, bei denen die Diagnose, wie oben erwähnt, hinreichend gut durch Außenkriterien abgesichert ist und bei denen noch eine weitere Zahl klinischer Befunde in standardisierter Form dokumentiert wurde. Derartige Datenbanken mit validierten Daten werden für alle verschiedenen Krankheitsgruppen und Untergruppen benötigt, so daß sich hier die Aufgabe einer umfassenden Zusammenarbeit verschiedener Arbeitsgruppen stellt, um die erforderlichen Fallzahlen sammeln zu können. Diese Datenbanken können sowohl zur Weiterentwicklung der diagnostischen Algorithmen genutzt werden wie auch für eine standardisierte Beurteilung von Programmen und für Programmvergleiche. In einer Zusammenarbeit der II. Medizinischen Klinik, der Kinderklinik und dem Institut für Medizinische Statistik und Dokumentation wurde bereits in Mainz vor mehreren Jahren mit dem Aufbau entsprechender Datensammlungen begonnen. Auf der Basis dieser Daten konnte u.a. ein Verfahren zur Schätzung von Ventrikelmassen aus vektorkardiographischen Parametern entwickelt werden (2).

Ein weiterer Entwicklungsbereich ist das sogenannte *serielle EKG*. Die meisten der bisher entwickelten Programme zur automatischen EKG-Analyse weisen im Vergleich zum konventionellen Vorgehen bei der Befundung von Elektrokardiogrammen den Nachteil auf, daß sie nicht Bezug nehmen auf frühere Registrierungen bei demselben Patienten. Es gibt jetzt verschiedene Ansätze, diesen Entwicklungsrückstand nachzuholen, die insbesondere auch dadurch ermöglicht werden, daß inzwischen relativ preisgünstige Speichermedien zur Verfügung stehen, um die erforderlichen Datenmengen in ökonomisch vertretbarem Rahmen speichern zu können. Auch für diesen Bereich sind noch umfangreiche Datensammlungen erforderlich, um klar definieren zu können, welche Veränderungen bei den einzelnen Parametern diagnostische und prognostische Bedeutung haben. Aussichtsreich erscheint in diesem Zusammenhang u.a. die Untersuchung von Kurzzeit- und Langzeitvariabilität, um über die Berechnung geeigneter Variabilitätsmaße neue prognostische und diagnostische Parameter zu gewinnen.

Ferner ist eine *Weiterentwicklung der bestehenden Programme zu sogenannten modularen Programmen*, d.h. zu einem Bausteinsystem verschiedener Programme erforderlich, um den unterschiedlichen Anforderungen Rechnung zu tragen. Als erste Aufgabe ist hier zu nennen die Entwicklung von Programmen, die speziell dem Screening-Einsatz dienen.
Es werden zur Zeit hohe Erwartungen an den Einsatz der automatischen EKG-Analyse für Screening-Untersuchungen, z.B. im Rahmen von Musterungsuntersuchungen, geknüpft. Voraussetzung für die Nutzung von EKG-Programmen für Screening-Untersuchungen ist, daß die Sensitivität so hoch ist, daß es vertretbar wird, keine ärztliche Nachkontrolle der als normal bezeichneten EKG's vorzunehmen. Diese Forderung steht in einem gewissen Gegensatz zu der vorher von mir formulierten Aussage, daß zur Zeit die automatisch analysierten EKG's generell ärztlich nachkontrolliert werden müssen. Wenn man jedoch daran denkt, daß der EKG-Screening-Einsatz Anwendungsgebiete erschließt, bei denen bisher aus Mangel an ärztlichem Personal die Registrierung und Auswertung von EKG' nicht möglich war, wird die Entscheidung leichter fallen, keine Kontrolle der als normal bezeichneten EKG's vorzunehmen. In jedem Fall muß jedoch darauf geachtet werden, daß die Spezifität groß genug ist, damit nicht zu viele falsch-positive EKG's zu einer nicht vertretbaren ärztlichen

Belastung führen. Im Zusammenhang mit der Überprüfung der Spezifität wird man möglicherweise auch zur *Neudefinition konventioneller Parameter* kommen. Hierauf weisen z.B. die Untersuchungen von NEUFELD hin, der bei einer großen Zahl israelischer Rekruten in einem Screening-Programm Diagnosen feststellte, die bei der konventionellen Überprüfung durch Kardiologen als falsch-positiv bezeichnet wurden. Eine Nachuntersuchung derselben Personen nach 5 Jahren ergab jedoch, daß der Anteil der koronaren Herzerkrankung in der Gruppe der sogenannten falsch-positiven wesentlich höher war als bei den vom Computerprogramm als normal bezeichneten Patienten. Hieran wird deutlich, daß die automatische EKG-Analyse neuartige prognostische Aussagen ermöglicht und damit eine Revision konventioneller Kriterien bedingt.

Einen weiteren Punkt im Aufgabenkatalog bildet die Entwicklung von Spezialprogrammen zur *Auswertung von Kinder-EKG's*. Die zur Zeit existierenden Programme sind überwiegend für Erwachsene konzipiert. DUDECK und Mitarbeiter zeigten, daß für Kinder-EKG's spezielle Wellenidentifikationsprogramme entwickelt werden müssen. ZYWIETZ stellte erste Ergebnisse einer automatischen Klassifikation für bestimmte Fälle von Kinder-EKG's vor. Untersuchungen der Mainzer Arbeitsgruppe erbrachten, daß eine Berücksichtigung des Alters und einfacher konstitutioneller Parameter die automatische Klassifikation deutlich verbessern kann. Im Rahmen dieser Untersuchungen ergab sich auch für die konventionelle Auswertung von Kinder-EKG's, daß die bisher geübte Aufstellung von Normbereichen in Abhängigkeit vom Lebensalter besser aufgegeben wird zu Gunsten einer Gliederung in Körpergrößenklassen.

Weiterhin stellt sich die Aufgabe der *Entwicklung spezieller Programme für kardiologische Fragestellungen*, z.B. für Verlaufsuntersuchungen, bei denen eine mehrfache Katheterisierung von Patienten nicht zumutbar ist.
Nach der Entwicklung der aufgeführten Programmodule wird sich allgemein die Aufgabe einer Optimierung der Programme hinsichtlich Rechenzeit- und Kernspeicherbedarf stellen sowie auch die Forderung der Entwicklung von Programmen für interaktives Arbeiten.

Trotz der Vielzahl der aufgeführten erforderlichen Entwicklungsarbeiten ermöglicht der derzeitige Entwicklungsstand von Programmen den Beginn einer Einführung für Routineuntersuchungen. In den USA werden bereits pro Jahr mehrere Millionen EKG's in kommerziellen Zentren automatisch ausgewertet. Diese Entwicklung muß deshalb noch mit Skepsis beobachtet werden, weil von diesen Zentren exakte Angaben über die Leistungsfähigkeit der verwendeten Programme nicht vorliegen. Auf der anderen Seite wird jedoch obligat eine Nachkontrolle durch den Arzt vorgenommen.

Im Rückblick auf die bisherige Entwicklung läßt sich sagen, daß sich die technischen Möglichkeiten erst vor relativ kurzer Zeit den sachlichen Erfordernissen anpassen ließen. Dies gilt sowohl für die technische Entwicklung von Einzelkomponenten wie auch für das erreichbare Preisleistungsverhältnis. Die erforderlichen Entwicklungsaufgaben sind heute klarer abzusehen als noch vor wenigen Jahren, auch im Hinblick auf den damit verbundenen Aufwand.

## 5. AUSBLICK

Das Beispiel der automatischen EKG-Analyse zeigt, daß verschiedene Verfahren und Technologien, hier aus dem Bereich der Signalverarbeitung und der Mustererkennung sowie der Statistik und Informatik, nutzbringend für die Aufgaben der computerunterstützten Diagnostik eingesetzt werden können. Hierbei geben die sachlichen Fragestellungen oft entscheidende Impulse für technische und methodische Weiterentwicklungen.
Die Beschäftigung mit der elektronischen Datenverarbeitung zwingt zu einer Formalisierung der zu lösenden Probleme, die oft auch für das Sachverständnis der zugrundeliegenden Fragestellungen fruchtbar ist. Die Vielzahl wichtiger Publikationen in den letzten Jahren über das Wesen des diagnostischen Prozesses, es sei hier nur stellvertretend auf die Arbeiten von GROSS, LANGE, LEIBER und LUSTED verwiesen, wurde zu einem großen Teil angeregt durch die Auseinandersetzung mit dem neuartigen Medium Datenverarbeitung.

Bei einer Überprüfung der vom Computer ermittelten Diagnosen müssen auch die vom Arzt gestellten Diagnosen überprüft werden, bevor sie als verbindlicher Maßstab gelten können. Die Qualitätskontrolle der ärztlichen Diagnostik, die ja in manchen Bereichen - wie z.B. bei der Befundung einzelner histologischer Präparate - bereits routinemäßig durchgeführt wird, gewinnt in diesem Zusammenhang an Bedeutung. Hierbei geht es sowohl um die Aufdeckung zufälliger Irrtümer als auch um die

Beseitigung systematischer Diskrepanzen, die sich etwa aus einer unterschiedlichen Terminologie ergeben können.

Von den zahlreichen Problemen, die bei Definition diagnostischer Einheiten bestehen, möchte ich hier nur den Aspekt herausgreifen, daß sich häufig dann Schwierigkeiten ergeben, wenn die diagnostische Aufgabe eigentlich in einer quantitativen Abschätzung besteht und nicht in einer Alternativentscheidung, z.B. bei der linksventrikulären Hypertrophie.
Wie bei der automatischen EKG-Analyse, so läßt sich auch für andere Gebiete feststellen, daß allgemein ein Bedarf an umfangreichen Morbiditätsanalysen sowie an einer weitgehenden und standardisierten Befunddokumentation besteht. Eine Standardisierung ist schon deshalb erforderlich, weil die benötigten Datensammlungen nur in enger Kooperation verschiedener Arbeitsgruppen durchführbar sind.

Die auf dem Rechnermarkt eingetretene Preisentwicklung ermöglicht es zwar, den Computereinsatz in der Medizin und auch speziell zur Unterstützung der medizinischen Diagnostik in einem größeren Umfang vorzusehen als es noch vor wenigen Jahren denkbar erschien, jedoch zwingt die Fülle der zu lösenden Detailaufgaben zu einer Beschränkung. Die erforderlichen Entwicklungen können daher nur schwerpunktmäßig geleistet werden.

Das oben stehende Bild karikiert einen Zustand, der nicht eintreten soll: Die Verwendung statistischer Ansätze im Rahmen der medizinischen Diagnostik darf nicht als Alternative zum konventionellen Vorgehen gesehen werden, sondern soll lediglich der zusätzlichen Information des

Arztes dienen und damit die Basis seiner rationalen Entscheidungen verbreitern. Der Arzt erhält somit zusätzliche Entscheidungsgrundlagen, ohne jedoch die Verantwortung für seine Entscheidungen abgeben zu können. Es wird auch weiterhin die spezifische Leistung des Arztes sein, die Wertung einer individuell gegebenen Situation im Vergleich zu den allgemeinen Richtlinien vorzunehmen.
Der *ärztliche Blick* und die *diagnostische Erfahrung* werden auch künftig besonders erstrebenswerte Eigenschaften eines guten Arztes darstellen, wobei möglicherweise ein Teil der bisherigen Erfahrungen durch eine bessere Formalisierung auch besser lehrbar wird. Mit dem Einsatz der Computer im Rahmen der ärztlichen Diagnostik wird sich darüberhinaus eine neue Dimension der Erfahrung darüber herausbilden, wie die durch das neue Medium angebotene zusätzliche Information optimal auszuschöpfen ist. In diesem Sinne ist es eine Aufgabe der auszubildenden Ärzte, Verständnis für die Anwendungsmöglichkeiten und die Aussagekraft des Computereinsatzes zu gewinnen.

Als Fazit meiner Betrachtungen möchte ich in einer doppelten Abwandlung des Satzes von Mephisto sagen: Der Geist der Medizin ist auch mit dem Computer nicht leicht zu fassen. Zum Teil ist es jedoch heute klar erkennbar, daß die bereits verfügbaren und in Entwicklung begriffenen methodischen und technischen Möglichkeiten neuartige Erkenntniswege erschließen, ärztliche Entscheidungen unterstützen und in manchen Gebieten - wie es GALL formulierte - die Medizin verändern werden.

Antrittsvorlesung am 30. 1. 1978

## LITERATURVERZEICHNIS

1.) GROSS, R.:
Medizinische Diagnostik - Grundlagen und Praxis
Springer, Berlin-Heidelberg-New York, 1969

2.) JUST, H., HAIN, P., v.MENGDEN, H.J., LIMBOURG, P., BRODDA, U., MICHAELIS, J., SCHÖLMERICH, P.:
Relation between VCG-criteria and standard ECG-criteria for left ventricular hypertrophy and quantitative determination of left ventricular mass by quantitative angiocardiography
4th International Congress on Electrocardiology, Balatonfüred, 20.-23.9.1977

3.) KOLLER, S.:
Mathematisch-statistische Grundlagen der Diagnostik
Klin.Wschr. 45, 1065-1072 (1967)

4.) KOLLER, S., MICHAELIS, J., SCHEIDT, E.:
Untersuchungen an einem diagnostischen Simulationsmodell
Meth.Inf.Med. 11, 213-227 (1972)

5.) KLUSMEIER, S., ZYWIETZ, CHR., BERNSAU, U.:
A new VCG-analysis program for children with multivariate diagnostic classification
Computers in Cardiology, Rotterdam 29.9.-1.10.1977

6.) KUTSCHERA, J., DUDECK, J., JAENEKE, P., BARTHEL, G., HEPPNER, H., STRACHOTTA, W.:
Some experience with a mobile microcomputer based ECG-evaluation system
4th International Congress on Electrocardiology, Balatonfüred, 20.-23.9.1977

7.) LANGE, H.-J., VICTOR, N.:
Computer als Hilfsmittel der ärztlichen Diagnostik
S. 155-165 in: GRAUL, E.H., HABERMEHL, A. (Hrsg.):
Computersysteme in der Medizin
Deutscher Ärzte-Verlag, Köln, 1973

8.) LEIBER, B.:
Möglichkeiten und Grenzen der Computer-Diagnostik
Med.Klin. 63, 388-391 (1968)

9.) LUSTED, L.B.:
Introduction to Medical Decision Making
C.C. Thomas, Springfield, Ill., 1968

10.) MICHAELIS, J.:
Zur Anwendung von Display-Techniken im Rahmen der Computeranalyse von Vektorkardiogrammen
S. 225-228 in: SCHUBERT, E. (Hrsg.):
Neue Ergebnisse der Elektrokardiologie
Dresden, 1974

11.) PIPBERGER, H.V.:
Methodes of diagnostic ECG classification
S. 296-305 in: ZYWIETZ, CHR., SCHNEIDER, B. (eds.):
Computer Application on ECG and VCG Analysis
North Holland Publ.Co., Amsterdam, 1973

12.) PIPBERGER, H.,., KLINGEMAN, J.D., COSMA, J.:
Computer evaluation of statistical properties of clinical information in the differential diagnosis of chest pain
Meth.Inf.Med. 7, 79-92 (1968)

13.) SCHÖNBERGER, W., SCHEIDT, E.:
Der Einfluß somatischer Parameter auf das FRANK'sche Elektrokardiogramm im Kindesalter
Z. Kardiol. 65, 636-649 (1976)

14.) WAGNER, G., TAUTU, P., WOLBER, U.:
Problems of medical diagnosis - a bibliography
Meth. Inf. Med. 17, 55-74 (1978)

# ZUKUNFTSASPEKTE DER BIOSIGNALVERARBEITUNG

Joachim Dudeck, Gießen

Die Entwicklung der medizinischen Datenverarbeitung kann als ein Versuch zur Lösung der durch den Einbruch der Technik in die Medizin entstandenen Informationsprobleme angesehen werden. Betrachtet man die Beziehung Arzt-Patient unter dem Gesichtswinkel der Informationsverarbeitung, so kann sie als Kommunikationskette aufgefaßt werden. Vom Patienten gehen Signale aus, die der Arzt als Nachrichten empfängt und die er aufgrund seines medizinischen Wissens zu medizinisch relevanter Information verarbeitet. Das vom Patienten ausgehende Signal "ich habe immer starke Schmerzen nach dem Essen" hat für den Laien zunächst nur den Charakter einer Nachricht, der Arzt verarbeitet diese Information "hier könnte ein Magengeschwür vorliegen", aus der er diagnostische und therapeutische Konsequenzen zieht.

Bis zum Beginn unseres Jahrhunderts standen in der Arzt-Patienten-Beziehung die Signale im Vordergrund, die der Arzt mit seinen Sinnesorganen unmittelbar und direkt wahrnehmen konnte. Andere Signale waren ihm praktisch nicht zugänglich. Die Ausbildung des Arztes konzentrierte sich auf die Schulung der Sinnesorgane, Beobachtung und Wahrnehmung der vom Patienten ausgehenden Signale wurden geübt. Die Fähigkeit, aus Angaben, Beobachtung und manueller Untersuchung des Patienten medizinisch relevante Informationen abzuleiten, wurde nicht ohne Grund als ärztliche Kunst bezeichnet. Die auf diese Weise erhaltenen Signale blieben für den Arzt überschaubar. Er konnte sie sinnvoll verarbeiten.

Seit Beginn unseres Jahrhunderts hat eine zweite Kommunikationskette zwischen Arzt und Patient immer größere Bedeutung in der medizinischen Diagnostik erlangt. Durch die Entwicklung der Technik konnten immer weitere primär nicht wahrnehmbare Signale so transformiert werden, daß sie von den Sinnesorganen des Arztes, in der Regel durch das Auge, erfaßbar wurden. Diese Entwicklung begann mit der Röntgendiagnostik und Elektrokardiographie. Besondere Fortschritte wurden in den letzten 30 Jahren durch die Entwicklung der klinisch-chemischen Diagnostik erzielt.

Diese Entwicklung hat die Diagnostik ohne Zweifel wesentlich verbessert. Sie hat aber auch das Nachrichtenangebot in so starkem Maße vergrößert, daß es für den Arzt immer schwieriger wurde, aus dem Nachrichtenangebot die medizinisch relevante Information zu extrahieren.

Diese Problematik wurde von der Datenverarbeitung sehr bald als lohnende Zielsetzung erkannt. Bereits vor 20 Jahren wurde mit der Entwicklung von Verfahren zur Informationsverarbeitung in der Medizin begonnen (14). Bei den bisherigen Entwicklungen können zwei Entwicklungsstufen unterschieden werden. In der ersten Stufe erfolgt nur eine Verarbeitung und Aufbereitung von Nachrichten, so daß diese konzentriert und für den Arzt leichter überschaubar dargeboten werden. In diese Stufe gehören alle Verfahren, die lediglich Daten verdichten und z.B. Meßwerte, Meßwertübersichten, graphische oder Bilddarstellungen ergeben, deren Informationsgehalt nach wie vor vom Arzt allein beurteilt werden muß. Wir haben diese Systeme auch als Datenprozessoren (8) bezeichnet. Eine Informationsverarbeitung erfolgt erst dann, wenn diese Nachrichten an Daten gewichtet werden, die aus der medizinischen Erfahrung gespeichert wurden, so daß der Arzt Hinweise auf die diagnostische oder therapeutische Bedeutung der verarbeiteten Signale erhält.

Bei diesen Entwicklungen hat in den vergangenen beiden Jahrzehnten die automatische Verarbeitung der Biosignale eine maßgebliche Rolle gespielt. Unter Biosignalen im engeren Sinne verstehen wir mechanische, akustische, elektrische und magnetische Signale, die im Zusammenhang mit biologischen Vorgängen entstehen und deren zeitliche Änderungen registriert werden. Die Signale können in Ruhe oder unter Belastung, nichtinvasiv, d.h. ohne Verletzung der Körperoberfläche, oder invasiv registriert werden. Die Signale können sich periodisch wiederholen, wie z.B. alle Biosignale, die im Zusammenhang mit der Herzaktion entstehen.

Zu den Biosignalaufzeichnungen gehören:

- Elektrokardiogramm
- Phonokardiogramm
- mechanokardiographische Verfahren
- Elektroencephalogramm
- elektromyographische Verfahren
- Magnetokardiogramm

Als Biosignale im weiteren Sinn werden häufig auch die Signale angesehen, die von Signalquellen außerhalb des Körpers bzw. von künstlich in den Körper eingebrachten Signalquellen erzeugt werden und deren örtliche oder zeitliche Veränderung durch das Körpergewebe aufgezeichnet werden, wie z.B. Röntgenstrahlen, Ultraschall oder nuklearmedizinische Techniken. Diese Verfahren haben eine eigene Problematik. Die Verarbeitung führt in der Regel zu Methoden der Bildverarbeitung, die in den kommenden Jahren zunehmend an Bedeutung gewinnen wird. Ich werde mich im Weiteren auf die oben definierten Biosignale im engeren Sinne beschränken. Welchen Stand hat die Entwicklung bei der Verarbeitung dieser Signale erreicht, welche Aspekte ergeben sich für die Zukunft ?

In den vergangenen beiden Jahrzehnten wurden bei allen der oben angeführten Verfahren Versuche der automatischen Verarbeitung begonnen. Für die klinische Routine haben bisher nur die automatische EKG-Auswertung, die automatische Vermessung von Druckkurven im Katheterlabor sowie Verfahren zur Rhythmusüberwachung praktische Bedeutung gewonnen.

Nach den derzeit verfügbaren Statistiken (17) werden in den USA jährlich bereits 3,5 bis 4 Millionen EKGs von kommerziellen Unternehmen und 0,5 Millionen im öffentlichen Bereich automatisch verarbeitet, während in Europa bisher nur etwa 70.000 EKGs vorwiegend von den Gruppen verarbeitet werden, die Programme entwickelt haben. Die kommerzielle Verarbeitung des EKGs hat in Europa bisher nur geringe Bedeutung erlangt.

Über die automatische Auswertung von Belastungs-EKGs liegen keine genauen Zahlen vor, obwohl auch hier bereits Systeme kommerziell erhältlich sind. Auch über die Anzahl der installierten Katheterlabors und Systeme zur Intensivüberwachung durch Computer fehlen genaue Angaben.

Während bei der EKG-Auswertung in der Regel die diagnostische Klassifikation der registrierten Signale durchgeführt wird, beschränkt sich die Verarbeitung von Druckkurven auf den Meßvorgang selbst, d.h. auf die Stufe der Datenprozessoren.

An mehreren Stellen werden Verfahren zur simultanen Auswertung mehrerer Signale, insbesondere zur Bestimmung systolischer Zeitintervalle in der Routine verwendet (5). Die Anwendung beschränkt sich jedoch auch hier in der Regel auf die Entwicklungsgruppen. Ähnliches gilt für die automatische Auswertung von Phonokardio- und Elektroencephalogrammen, die sich weitgehend noch im Versuchsstadium befinden und deren Routineanwendung, soweit sie überhaupt erfolgt, sich vorwiegend auf die Entwicklungsgruppen beschränkt.

Das Magnetokardiogramm hat wegen der sehr schwer zu realisierenden Aufzeichnungsbedingungen bisher nur wissenschaftliches Interesse gefunden.

Trotz des erheblichen Forschungsaufwandes, der in den vergangenen Jahren im Bereich der Biosignalverarbeitung investiert wurde, ist die Zahl der erfolgreichen Routineanwendungen, insbesondere in Europa und in der Bundesrepublik, noch recht bescheiden. Bei der Bewertung dieser Tatsache darf jedoch nicht vergessen werden, daß die Zeit der aktiven Arbeit noch relativ kurz ist. Die Biosignalverarbeitung hat in der Bundesrepublik praktisch erst 1970 mit dem ersten DV-Programm der Bundesregierung begonnen. Die ersten zwei bis drei Jahre wurden zur Lösung der technischen Grundlagen benötigt, so daß der Zeitraum der tatsächlichen Beschäftigung mit den Problemen der Biosignalverarbeitung nicht mehr als fünf bis sechs Jahre umfaßt.

Die bisherigen Erfahrungen bei der praktischen Anwendung von Verfahren der Biosignalverarbeitung, insbesondere auch die kommerzielle automatische EKG-Verarbeitung, haben gezeigt, daß für die Akzeptanz der Verfahren in der klinischen und ärztlichen Routine drei Aspekte von besonderer Bedeutung sind:

1. die Verläßlichkeit der Verfahren
2. die Verbesserung der Nachrichten- und Informationsverarbeitung
3. ein vertretbares Preis-Leistungs-Verhältnis

Die weitere Entwicklung der Biosignalverarbeitung wird sich vordringlich auf Verbesserungen der Verfahren unter diesen drei Aspekten konzentrieren müssen. An drei Beispielen aus unserer eigenen Arbeit will ich versuchen, entsprechende Ansätze aufzuzeigen.

## 1. VERBESSERUNG DER VERLÄSSLICHKEIT - ENTWICKLUNG ADAPTIVER VERMESSUNGSALGORITHMEN IM EKG

Die weit verbreitete Anwendung der EKG-Auswertung darf nicht darüber hinweg täuschen, daß insbesondere bei der Vermessung des EKG die Entwicklung noch nicht abgeschlossen ist. Untersuchungen von WILLEMS (20) haben gezeigt, daß bei der Vermessung der gleichen EKGs mit verschiedenen Programmen im Mittel Differenzen der QRS-Dauer von über 10 Millisekunden auftreten können. Diese im Einzelfall durchaus tolerierbaren Abweichungen sind im Mittel nicht vertretbar.

Die Erkennung des Beginns und Ende von Wellen im EKG bereitete den Programmen wegen der nicht assoziativen Verarbeitung des Computers von vornherein besondere Schwierigkeiten. Da systematische Untersuchungen über die Behandlung derartiger Probleme bei Beginn der Programmentwicklung nicht vorlagen, wurden empirisch Lösungen gesucht, zunächst durch Anwendung von Schwellenwerten, die sich aber wegen der hohen Störempfindlichkeit in der Praxis nicht bzw. nur dann bewährten, wenn die Signalqualität maßgeblich verbessert wurde. Eine der ersten Ansätze zur Verwendung von Mustern fand sich im Programm von PIPBERGER (4), bei dem zur Bestimmung von Anfang und Ende von QRS eine gemittelte Funktion der vektoriellen Geschwindigkeit verwendet wird. Als Anfang und Ende werden die Punkte definiert, bei denen die gewichtete Summe der Abweichungsquadrate gegenüber der jeweiligen Anpasssungsfunktion ein Minimum ist. Ein ähnlicher Ansatz wurde auch in dem Programm von van BEMMEL verwendet. Diese Muster waren jedoch starr. Lediglich im Programm von van BEMMEL wurde versucht, durch Division der Geschwindigkeit durch die maximale Vektorgeschwindigkeit die Signale an die Charakteristik des Musters anzupassen.

Untersuchungen an kindlichen EKGs und VKGs haben gezeigt, daß dies noch nicht ausreichend ist. Wir haben deshalb zunächst einen Satz von alters- und ableitungsabhängigen Mustern entwickelt, mit dem eine einwandfreie Vermessung in allen Altersgruppen und Ableitungen gewährleistet werden konnte (10). Trotz der im Mittel befriedigenden Ergebnisse können aber im Einzelfall immer wieder gravierende Abweichungen auftreten. Um diese zu überwinden, wurde nach Größen gesucht, die einen Hinweis auf die Signalcharakteristik am Beginn und Ende von QRS vor Beginn der Wellenerkennung gestatten. Untersuchungen haben gezeigt (2), daß neben dem Alter die maximale vektorielle Geschwindigkeit zur Signalcharakteristik am Beginn und Ende von QRS korreliert ist, so daß für jedes EKG ein individuelles, an das Signal adaptiertes Muster berechnet werden kann, wodurch die Varianz der Abweichungen gegenüber bisherigen Ansätzen vermindert werden konnte. Untersuchungen über die Anwendbarkeit weiterer, vor Beginn der Wellenerkennung zu bestimmender Parameter, wie z.B. des

Rauschpegels und der regelmäßig auftretenden Nebenmaxima der vektoriellen Geschwindigkeit, werden z.Zt. durchgeführt. Vergleichbare Ansätze bei der stets empfindlichen P-Wellen-Vermessung werden überprüft.

Die Entwicklung adaptiver Algorithmen ist ein Weg zur Verbesserung der Verläßlichkeit der Vermessung. Je besser die zur Wellenerkennung verwendeten Muster an die Signalcharakteristik angepaßt werden können, desto sicherer ist die Erkennung auch bei extremen Varianten, desto sicherer ist dann auch die Verläßlichkeit der weiteren im Programm erhaltenen Ergebnisse.

## 2. VERBESSERTE NACHRICHTEN- UND INFORMATIONSVERARBEITUNG

Die Anwendungsmöglichkeiten der Verfahren der Biosignalverarbeitung werden dann erweitert, wenn aus dem Signal Daten (Nachrichten) gewonnen werden können, die der Arzt primär nicht erhalten kann. Ein erster und entscheidender Ansatz wurde in dem VKG-Programm von PIPBERGER mit der Verwendung von statistischen Verfahren zur Gewinnung von Parametern beschritten, die eine optimale Trennung verschiedener Gruppen ermöglichen. Dieser Entwicklungsaspekt wird weiter verfolgt werden müssen, wenngleich sich auch gezeigt hat, daß die Ergebnisse verschiedener statistischer Verfahren sich nur geringfügig unterscheiden. Hier kommt es nach unserer Auffassung eher darauf an, die Zahl der aus dem Signal zu gewinnenden Parameter möglichst zu reduzieren, da die Verläßlichkeit der Verfahren nach empirischen Erfahrungen umso besser ist, je kleiner die Zahl der verwendeten Parameter ist. Ich möchte deshalb unter dem Gesichtswinkel der verbesserten Nachrichten- und Informationsverarbeitung drei andere Entwicklungsaspekte betonen:

1. die Modellbildung
2. die kombinierte Auswertung mehrerer Signale und
3. der intraindividuelle Vergleich von Signalen.

### 2.1 Verbesserte Signalanalyse durch Modellbildung - Frequenzanalyse des ersten Herztons

Der erste Herzton ist eines der interessantesten Phänomene der Biosignalverarbeitung. Er ist aus mehreren Komponenten zusammengesetzt, deren

Entstehungsursache noch immer nicht eindeutig geklärt ist. Während der erste Anteil des ersten Herztones heute übereinstimmend dem Mitralklappenverschluß zugeordnet wird, bestehen über die Ursache des Ib-Anteils nach wie vor Kontroversen zwischen den Anhängern des Tricuspidalschlußton- und der Aortenöffnungston-Hypothese. Zur Bestätigung der Gültigkeit der beiden Hypothesen werden immer wieder Ergebnisse veröffentlicht. Eine zusammenfassende Modellvorstellung fehlte aber bisher.

Bereits die ersten frequenzanalytischen Untersuchungen durch v.EGIDY (9) zeigten, daß im ersten Herzton zum Zeitpunkt der Aortenklappenöffnung eine Frequenzänderung zu beobachten ist. Dieser Befund blieb lange Zeit unbeobachtet, bis das verstärkte Interesse an systolischen Zeitintervallen den Gedanken aufkommen ließ, die koinzident mit der Aortenklappenöffnung auftretende Frequenzänderung zur vereinfachten Bestimmung der systolischen Zeitintervalle zu verwenden, für die der wichtigste Parameter der Zeitpunkt der Aortenklappenöffnung ist. Hierfür mußten zunächst spezielle Verfahren zur Erkennung von Frequenzänderungen in kurzzeitigen Signalen entwickelt werden (11). Darüber hinaus war aber ebenso eine Klärung der Entstehungsursache des Ib-Segmentes des I. Herztons notwendig.

Untersuchungen, die in unserem Institut von SCHINDLER (18) durchgeführt wurden, haben gezeigt, daß das in der Hydrodynamik bekannte Druckstoßphänomen als Modell für die Entstehung der Herztöne herangezogen werden kann. Jeder instationäre Fließvorgang führt zur Entwicklung eines Druckstoßes. Bei Reflexion der Druckwelle kann sich eine oszillierende Schwingung ausbilden, die bei entsprechenden Randbedingungen akustisch wahrnehmbar wird. Diese Bedingungen sind in den Herzkammern gegeben. Schluß, aber auch Öffnung von Klappen, bewirken instationäre Fließvorgänge, so daß Druckstoßphänomene im linken, aber auch im rechten Ventrikel zu erwarten sind.

Nach dieser Theorie sind sowohl Tricuspidal-Schlußtöne als auch Aorten- und Pulmonalis-Öffnungstöne zu erwarten. Fraglich ist lediglich, inwieweit diese Schallphänomene auf der Körperoberfläche wahrnehmbar sind. Unsere bisherigen Ergebnisse weisen darauf hin, daß zumindest Tricuspidalschluß- und Aortenöffnungston auf der Körperoberfläche wahrnehmbar sind. Der Aortenöffnungston ist niederfrequent, der Tricuspidalschlußton höherfrequent. Die bisherige Kontroverse wurde auch dadurch verursacht, daß sich die Exponenten der beiden Hypothesen auf die Betrachtung unterschiedlicher Frequenzbereiche des Phonokardiogramms konzentriert hatten. Durch das neue Modell löst sich die Kontroverse in einer Synthese. Beide Hypothesen sind richtig. Die endgültige Bestätigung des Druckstoß-Modells erlaubt die Gewinnung weiterer Parameter durch die Frequenzanalyse des I. Herztons (19).

Vergleichbare Ansätze zur Verbesserung der Signalanalyse liegen vor, z.B. bei der Entwicklung von Ableitungssystemen, die mit wenigen Ableitungen ein Maximum der an der Körperoberfläche verfügbaren Information erfassen (KORNREICH (11)) oder bei der eingehenden Analyse des Informationsgehalts von Ableitungssystemen durch ZYWIETZ (21), mit denen die Auswahl optimaler Ableitungsstrategien erleichtert wird. Auf Einzelheiten dieser Ansätze kann jedoch in diesem Zusammenhang nicht eingegangen werden.

## 2.2 Verbesserte Signalanalyse durch kombinierte Auswertung mehrerer Signale

Ein weiterer Aspekt, der in der Biosignalverarbeitung in Zukunft starke Bedeutung gewinnen wird, ist die kombinierte Auswertung mehrerer Signale. Die Biosignalverarbeitung hat sich bisher vorwiegend auf die automatische Auswertung eines Signals beschränkt. Erste Ansätze zur kombinierten Auswertung sind bei der gemeinsamen Analyse von EKG, PKG und Carotispuls zur Bestimmung der systolischen Zeitintervalle zu erkennen. Aber auch hier beschränkt sich vorerst das Ziel der Auswertung auf die Bestimmung eines Parametertyps, der Zeitintervalle. Eine kombinierte Auswertung wird erst erreicht, wenn die Ergebnisse der automatischen EKG-Auswertung, der Phonokardiogrammanalyse und der Bestimmung der Zeitintervalle einer gemeinsamen Bewertung unterzogen werden.

## 2.3 Verbesserung der Signalanalyse durch intraindividuelle Vergleiche

Die bisherigen Ansätze zur Biosignalauswertung beschränken sich weitgehend auf Vergleiche von Signalen am Kollektiv gesunder oder pathologischer Fälle. Zunehmende Bedeutung gewinnt der intraindividuelle Vergleich von Signalen. Mehrere EKG-Programme haben inzwischen entsprechende Programmteile eingefügt (3, 15). Bei der Auswertung ist vielfach die Zuordnung der verschiedenen Signale problematisch, da sie ein einheitliches Identifikationssystem voraussetzen. Die Veränderungen wurden bisher nur empirisch beschrieben. Über die prognostische und diagnostische Wertigkeit einzelner Veränderungen liegen bisher noch kaum Untersuchungen vor, so daß dieser Bereich auf viele Jahre hinaus ein interessantes Arbeitsgebiet in allen Bereichen der Biosignalverarbeitung werden wird.

## 3. VERBESSERTES PREIS-LEISTUNGS-VERHÄLTNIS

Auch hochentwickelte Verfahren der Biosignalverarbeitung werden nur dann Eingang in die klinische Routine und ärztliche Praxis finden, wenn die biosignalverarbeitenden Systeme ein vertretbares Preis-Leistungs-Verhältnis aufweisen. Hier sind durch die Entwicklung der Mikroprozessoren neue Akzente gesetzt worden. Mikroprozessoren sind single-chip-Computer, die zunächst nur als 4-und 8-bit-Prozessoren verfügbar waren. Seit zwei Jahren sind nun auch 16-bit-Mikroprozessoren auf dem Markt, die in der Leistungsfähigkeit größeren Computern bis auf die etwas geringere Verarbeitungsgeschwindigkeit praktisch nicht nachstehen. Der Preis dieser Prozessoren liegt unter 1.000.- DM. Da auch die Preise der Speicher sehr stark gesunken sind, lassen sich sehr preiswerte, leistungsfähige Systeme entwickeln.

Wir haben uns seit langem mit der Einführung derartiger Systeme in die Biosignalverarbeitung beschäftigt (6). Bereits noch bei wesentlich höheren Hardware-Preisen haben unsere Kalkulationen ergeben, daß der Gesamtpreis von biosignalverarbeitenden Systemen entscheidend durch die Kosten der für Aufzeichnung der Signale und Ausgabe der Ergebnisse benötigten peripheren Geräte bestimmt wird, wohingegen die Computerkosten immer mehr in den Hintergrund treten. Bei der Entwicklung von Systemen ist es deshalb günstiger, die Leistungsfähigkeit des in jedem Fall erforderlichen Prozessors so zu erweitern, daß eine sofortige und vollständige Verarbeitung der Signale möglich ist. Auf diese Weise können mit relativ geringen Mehrkosten die langfristig nicht unerheblichen Kosten der Datenverarbeitung vermieden werden. Außerdem lassen sich bei direkter Verarbeitung neue Konzepte verwirklichen, die eine interaktive Verarbeitung der Signale erfordern.

Unter diesen Gesichtspunkten wurde an unserem Institut in den vergangenen zwei Jahren ein EKG-Auswertungssystem entwickelt (12), mit dem unter Verwendung eines 16 bit-Mikroprozessors (Diehl 2000/Texas Instruments 990/4) eine vollständige Verarbeitung von EKG-Aufzeichnungen durchgeführt wird. In das System sind EKG-Verstärker und Ausgabeeinheit für Kurven und alphanumerischen Text integriert. Es übernimmt folgende Aufgaben:

- interaktive Erfassung der Identifikationsdaten sowie der für die Auswertung erforderlichen klinischen Parameter

- Steuerung von Störungen und Ausgabe von Hinweisen zur Behebung der Fehler

- automatischen Start der Auswertung

- Ausgabe der EKG-Kurven mit Einfügung der vom Computer bestimmten Anfangs- und Endpunkte der Wellen

- Auswertung und Ausgabe der Befundung auf dem gleichen Protokoll

- Ausgabe der Vektorschleifen und eines vergrößerten repräsentativen Zyklus

Gegenwärtig ist das von PIPBERGER entwickelte Programm zur Auswertung von orthogonalen Ableitungen nach FRANK implementiert. Die Übertragung von Programmen für konventionelle Ableitungen ist in Vorbereitung.

Die bisherigen Ansätze zur automatischen EKG-Auswertung sahen die Verarbeitung in zentralen Rechenzentren vor. Durch die direkte Auswertung im EKG-Labor ergeben sich eine Reihe neuer Anwendungen, die Schwerpunkte unserer weiteren Entwicklungen sind:

1. Serielle Vergleiche mit patientenorientierter Speicherung der EKGs bzw. VKGs.

In der Praxis hat sich gezeigt, daß die korrekte Identifikation eines der Hauptprobleme bei der Durchführung von seriellen Vergleichen darstellt. Bei größeren Datenbanken ist die Angabe des Identifikationsmerkmals angesichts der langen Zeiträume zwischen den EKG-Aufzeichnungen häufig fehlerhaft, so daß inkorrekte Vergleiche erfolgen oder überhaupt keine Vergleiche möglich sind. Durch Einführung eines patientenorientierten Speichermediums begrenzter Kapazität (Mini- oder Mikrofloppy) kann dieses Problem bei Systemen mit Direktverarbeitung auf einfache Weise gelöst werden. Der Datenträger kann dann zusammen mit den anderen Patientenakten gespeichert werden. Bei erneuter Untersuchung des Patienten steht er unmittelbar zur Verfügung. Verwechselungen können ausgeschlossen werden.

2. Verbesserte Erkennung von Rhythmusstörungen.

Die Erkennung von Rhythmusstörungen ist bei der automatischen EKG-Auswertung durch die kurze Signaldauer eingeschränkt. Da der Patient mehrere Minuten an das System angeschlossen ist, läßt sich durch entsprechende Erweiterungen die Beobachtungszeit für Rhythmusstörungen wesentlich verlängern, so daß die Chance für die Erkennung selten auftretender Rhythmusstörungen verbessert wird.

3. Überwachung, Registrierung und Auswertung von Belastungs-EKGs.

Bei der Durchführung von Belastungs-EKG-Untersuchungen treten nicht selten Rhythmusstörungen auf, die rechtzeitig erkannt werden müssen. Diese Aufgabe kann von einem direktverarbeitenden System neben der Auswertung der Belastungs-EKGs übernommen werden, so daß eine höhere Sicherheit bei Belastungs-EKG-Untersuchungen erreicht werden kann.

4. Kombinierte Auswertung mehrerer Signale.

Die kombinierte Auswertung von EKG und Phonokardiogramm, über die oben bereits berichtet wurde, ist das Fernziel der weiteren Entwicklung dieses Systems.

## ZUSAMMENFASSUNG

Die Biosignalverarbeitung ist ein wichtiger Zweig der medizinischen Datenverarbeitung, der in den kommenden Jahren immer stärker in die klinische Routine eindringen wird. Sie verfolgt das Ziel, das durch die Entwicklung technischer Untersuchungemethoden aufgetretene Überangebot an Nachrichten wieder zu einer überschaubaren Menge an Information zu reduzieren.

Trotz der nunmehr fast zwanzigjährigen Entwicklungsarbeit steht die Biosignalverarbeitung nach wie vor am Anfang. Die Verbesserung der Verläßlichkeit der Verfahren, eine verbesserte Signalanalyse und die Ausschöpfung der durch die technologische Entwicklung der Elektronik gegebenen Möglichkeiten werden nicht nur für einige Jahre, sondern sicher noch für eine Generation von medizinischen Informatikern ein lohnendes Arbeitsgebiet sein.

## LITERATURVERZEICHNIS


1.) BEMMEL, J.H., van, TALMON, J.L., DUISTERBOUT, J.S., HENGERELD, S.L.: Template waveform recognition applied to ECG/VCG analysis Comp.Biomed.Res. 6, 430-441 (1973)

2.) BÖCKMANN, R.-D., DUDECK, J., KLUSS, D., WEBER, G.: Neue Vermessungsalgorithmen zur Bestimmung von QRS-Anfang und -Ende im Kinder-EKG und VKG Biomed.Techn. 23, 2-8 (1978)

3.) BONNER, R.E., CREVASSE, L., FERRER, M.I., GREENFIELD, J.G.: A new computer program for comparative analysis of serial scalar electrocardiograms - description and performance of the 1976 IBM program Comp.Biomed.Res. 11, 103-118 (1978)

4.) CORNFIELD, J., DUNN, R.A., BATCHLOR, C.D., PIPBERGER, H.V.: Multigroup diagnosis of electrocardiograms Comp.Biomed.Res. 6, 97-120 (1973)

5.) DONDERS, J., HOEVEN, G. van der, SNOEK, B., BENEKEN, J.WE.W.: A processing system for the determination of systolic time intervals S. 68-74 in: PERKINS, W.J. (ed.): Biomedical Computing, Baltimore, 1977

6.) DUDECK, J., KUTSCHERA, J., KUGEL, H.G.: Concepts for digital recording of ECG's Fortschr.Kardiol. 16, 157-161 (1975)

7.) DUDECK, J., BÖDEKER, R., LANG, H., SCHINDLER, W.: Measurement of systolic time intervals from ECG and PCG recordings S. 64-67 in: PERKINS, W.J. (ed.): Biomedical Computing, Baltimore, 1977

8.) DUDECK, J.:
Entwicklung von Daten- und Informationsprozessoren in der Medizin
Vortr.22.Jahrestag.GMDS, Göttingen 1977 (in Druck)

9.) EGIDY, H.v.:
Über die Tonentstehung am Herzen - Ergebnisse frequenzanalytischer Untersuchungen an Herztönen
Basic Res.Cardiol. 68, 395-441 (1973)

10.) HÖBEL, W., DUDECK, J., BÖCKMANN, R.-D., WEBER, G.:
Improvements of the algorithm for defining QRS-onset and -offset in the Pipberger program
Fortschr.Kardiol. 21, 181-184 (1978)

11.) KORNREICH, F.:
Missing waveform information in the orthogonal electrocardiogram (Frank leads)
I. Where and how can missing waveform information be retrieved
Circulation 48, 789-995 (1973)

12.) KUTSCHERA, J., DUDECK, J., JAENECKE, P., BARTHEL, G., HEPPNER, H., STRACHOTTA, W.:
Some thoughts about improving the diagnostic capabilities of a small stand-alone ECG evaluation system
Vortr.Congr.Computers in Cardiology, Rotterdam, Okt. 1977

13.) LANG, H., BÖDEKER, R.:
Erkennung von Frequenzänderungen in kurzdauernden Signalen
Biomed.Techn. 22 (Suppl.), 287-288 (1977)

14.) LEDLEY, R.S., LUSTED, L.B.:
Reasoning foundations of medical diagnosis
Science 130, 9-21 (1959)

15.) PIPBERGER, H.V., DUNN, R.A., PIPBERGER, H.A.:
Automated comparison of serial electrocardiograms
Fortschr.Kardiol. 16, 157-161 (1975)

16.) PIPBERGER, H.V., McCAUGHAN, D., LITTMANN, D.:
Clinical application of a second generation electrocardiographic computer program
Am.J.Cardiol. 35, 597-608 (1975)

17.) RAUTAHARJU, P.M.:
The current state of computer ECG analysis: a critique
S. 117-124 in: BEMMEL, J.H.van, WILLEMS, J.L. (eds.):
Trends in Computer-Processed Electrocardiograms,
North-Holland Publishing Company, Amsterdam, 1977

18.) SCHINDLER, W., DUDECK, J.:
Die hydrodynamische Erklärung der Entstehung der Herztöne
Biomed.Techn. 22 (Suppl.), 283-284 (1977)

19.) SCHINDLER, W.:
Der Druckstoß, ein Mechanismus bei der Entstehung der Herztöne
Herzkreisl. 9, 768-775 (1977)

20.) WILLEMS, J.L.H., PARDAENS, J.:
Differences in measurement results by four different ECG computer programs
Paper presented at 'Computers in Cardiology', Rotterdam, Okt. 1977 (in press)

21.) ZYWIETZ, CHR.:
Zum Informationsgehalt von EKG-Ableitungssystemen
Biomed.Techn. 23, 16-22 (1978)

# MESSUNGEN VON STRUKTURÄNDERUNGEN

Karl-August Schäffer, Köln

## 1. AUFGABE

"Struktur" ist das Verhältnis der Teile zum Ganzen, "Strukturänderung" somit eine Verschiebung der Struktur, z.B. mit der Zeit. Eine Strukturänderung vom Zeitpunkt 1 bis zum Zeitpunkt 2 soll durch eine Maßzahl $\Delta_\alpha$ zusammenfassend dargestellt werden, deren Reaktionsempfindlichkeit über den Parameter $\alpha$ beeinflußt werden kann.

Die Maßzahl soll nach dem Prinzip von KOLLER (1956) konstruiert werden:

> "Jede Maßzahl muß ihren Ausgangspunkt von einer sachlichen Fragestellung nehmen, die auf die quantitative Kennzeichnung irgendeines Sachverhaltes zielt. Eine sachliche Aufgabe und die aus ihr erwachsende Fragestellung sind primär; aus ihnen - und nur aus ihnen - sind die Kriterien für den Aufbau und die Eignung einer Maßzahl zu entwickeln."

## 2. ANNAHMEN

Das Ganze umfaßt n Teile ("Sektoren").
Die Struktur wird bezüglich eines einzigen Merkmals beurteilt ("Sturkturmerkmal").

$p_{ti}$ := Anteil des i-ten Sektors an der Gesamtheit bezüglich des Strukturmerkmals zum Zeitpunkt t

$$0 \leq p_{ti} \leq 1 \quad \text{für alle } 1,2,\dots,n \text{ und } t=1,2,\dots$$

$$\sum_{i=1}^{n} p_{ti} = 1 \quad \text{für alle } t=1,2,\dots$$

$\vec{p}_t := (p_{t1}, p_{t2}, \dots, p_{tn})$ "Strukturvektor für Zeitpunkt t"

$\vec{\delta} := \vec{p}_2 - \vec{p}_1$ "Strukturänderungs-Vektor" mit Komponenten

$$\delta_i = p_{2i} - p_{1i}$$

$$\sum_{i=1}^{n} \delta_i = 0 \quad .$$

Die gesuchte Maßzahl $\Delta\alpha$ ist eine Funktion, die nur vom Reaktionsparameter $\alpha$ und zwei Strukturvektoren, z.B. $\vec{p}_1$ und $\vec{p}_2$, abhängt:

$$\Delta_\alpha := \Delta_\alpha(\vec{p}_1,\vec{p}_2)$$

## 3. POSTULIERTE EIGENSCHAFTEN DER MASSZAHL

### 1. *Unabhängigkeit von der Numerierung der Sektoren*

Für jede Permutation $\{j_1,j_2,\ldots,j_n\}$ der natürlichen Zahlen $\{1,2,\ldots,n\}$ sind die Vektoren

$$\vec{q}_t := (p_{tj_1},p_{tj_2},\ldots,p_{tj_n})$$

definiert. Es soll gelten

$$\Delta_\alpha(\vec{q}_1,\vec{q}_2) = \Delta_\alpha(\vec{p}_1,\vec{p}_2)$$

### 2. *Additivität der Maßzahl für Gruppen von Sektoren*

Die Gesamtheit der n Sektoren wird wie folgt in zwei Gruppen mit $n_1$ bzw. $n_2$ Sektoren aufgeteilt:

$${}_1\vec{p}_t := \frac{1}{{}_1P_t}(p_{t1},p_{t2},\ldots,p_{t,n_1}) \quad \text{mit } {}_1P_t := \sum_{i=1}^{n_1} p_{ti}$$

$${}_2\vec{p}_t := \frac{1}{{}_2P_t}(p_{t,n_1+1},\ldots,p_{t,n_1+n_2}) \text{ mit } {}_2P_t := \sum_{i=n_1+1}^{n_1+n_2} p_{ti} \quad .$$

Für diese Gruppen-Vektoren ${}_1\vec{p}_t$ und ${}_2\vec{p}_t$ soll gelten

$$\Delta_\alpha({}_1\vec{p}_1,{}_1\vec{p}_2)\cdot c_1 + \Delta_\alpha({}_2\vec{p}_1,{}_2\vec{p}_2)\cdot c_2 = \Delta_\alpha(\vec{p}_1,\vec{p}_2) \quad .$$

3. *Additivität der Maßzahl für zwei Strukturänderungen*

Für zwei zeitlich aufeinander folgende Strukturänderungen soll die Maßzahl die Forderung

$$\Delta_\alpha(\vec{p}_1,\vec{p}_2) + \Delta_\alpha(\vec{p}_2,\vec{p}_3) = \Delta_\alpha(\vec{p}_1,\vec{p}_3)$$

erfüllen.

4. *Reaktion der Maßzahl auf kleine Strukturänderungen*

Strukturänderungen heißen "klein", wenn sie die Bedingungen

$$\delta_i^2 \doteq 0 \qquad \text{für alle } i=1,2,\dots,n$$

erfüllen. Die Maßzahl $\Delta\alpha$ soll kleinen Strukturänderungen proportional folgen. Eine Änderung um $\delta_i$ soll sich jedoch bei kleinen $p_{1i}$ stärker als bei großem $p_{1i}$ auswirken. Dementsprechend wird gefordert

$$\Delta_\alpha(\vec{p}_1,\vec{p}_1+\vec{\delta}) \doteq \sum_{i=1}^{n} a_i \cdot p_{1i}^{\alpha-1} \cdot \delta_i \; .$$

Die Stärke der Reaktion der Maßzahl $\Delta\alpha$ kann also über den Reaktionsparameter $\alpha$ gesteuert werden; er muß im Bereich

$$0 < \alpha < 1$$

liegen.

5. *Normierung der Maßzahl*

Die Maßzahl soll unabhängig sein von der Zahl der Sektoren und ihr Wertebereich soll vorgegebene Grenzen besitzen. Dementsprechend sind für extreme Strukturänderungen Werte vorzugeben. Den Übergang von der Gleichverteilung

$$p_{1i} = \frac{1}{n} \qquad \text{für } i=1,2,\dots,n$$

zur Ungleichverteilung

$$p_{2i} = \begin{cases} 1 & \text{für } i=1 \\ 0 & \text{für } i=2,\dots,n \end{cases}$$

soll die Maßzahl mit dem Wert

$$\Delta_\alpha(\vec{p}_1,\vec{p}_2) = 1$$

wiedergeben.

## 4. KONSTRUKTION DER MASSZAHL AUFGRUND DER POSTULATE

Die Maßzahl $\Delta_\alpha$ soll Strukturänderungen in den n Sektoren zusammenfassen und muß dementsprechend folgende allgemeine Form haben:

$$\Delta_\alpha = \phi(f_1(p_{11},p_{21}),f_2(p_{12},p_{22}),\dots,f_n(p_{1n},p_{2n})) \quad .$$

Aus Postulat 1 folgt, daß $\phi$ eine symmetrische Funktion ist.

Danach sind folgende Ansätze zu betrachten:

$$\Delta_\alpha(\vec{p}_1,\vec{p}_2) = \sum_{i=1}^{n} f_i(p_{1i},p_{2i})$$

oder

$$\Delta_\alpha(\vec{p}_1,\vec{p}_2) = \prod_{i=1}^{n} f_i(p_{1i},p_{2i})$$

Aus dem Posulat 2 folgt, daß von diesen Ansätzen nur die erste Form zulässig ist. Wegen Postulat 3 muß jede Funktion $f_i$ als Differenz von zwei Werten einer Funktion $g_i$ darstellbar sein:

$$f_i(p_{1i},p_{2i}) = g_i(p_{2i}) - g_i(p_{1i}) \qquad \text{für beliebige } (p_{1i},p_{2i}) \text{ und } i=1,2,\dots,n$$

Somit folgt die Darstellung

$$\Delta_{\alpha}(\vec{p}_1,\vec{p}_2) = \sum_{i=1}^{n} g_i(p_{2i}) - g_i(p_{1i}) \quad .$$

Unter der Voraussetzung, daß $g_i$ für alle p in $0 \leq p \leq 1$ analytisch ist, gilt

$$g_i(p_{1i}+\delta_i) - g_i(p_{1i}) = \delta_i \cdot g_i'(p_{1i}) + \frac{\delta_i^2}{2} g_i''(p_{1i}) + \ldots$$

und somit

$$\sum_{i=1}^{n} \left[g_i(p_{1i}+\delta_i) - g_i(p_{1i})\right] = \sum_{i=1}^{n} \delta_i \cdot g_i'(p_{1i}) + \frac{1}{2} \sum_{i=1}^{n} \delta_i^2 \cdot \delta_i''(p_{1i}) + \ldots$$

$$\doteq \sum_{i=1}^{n} \delta_i \cdot g_i'(p_{1i}) \qquad \text{für kleine } \delta_i \quad .$$

Durch Vergleich mit Postulat 4 erhält man

$$g_i'(p_{1i}) = a_i \cdot p_{1i}^{\alpha-1}$$

und somit

$$g_i(p_{1i}) = \alpha \cdot a_i p_{1i}^{\alpha} + C \quad .$$

Wegen Postulat 1 muß

$$\alpha \cdot a_i = A \qquad \text{für } i=1,2,\ldots,n$$

gelten.

Aus Postulat 4 folgt im Spezialfall $\delta_i = 0$

$$\Delta_{\alpha}(\vec{p}_1,\vec{p}_1) = 0$$

und somit für die Konstante

$$C = 0.$$

Folglich muß die Maßzahl die Form

$$\Delta_\alpha(\vec{p}_1,\vec{p}_2) = A \cdot \sum_{i=1}^{n}\left[p_{2i}^{\alpha} - p_{1i}^{\alpha}\right] \qquad \text{bei } 0 < \alpha < 1$$

besitzen.

Für die extremen Strukturen

$$p_{1i} = \frac{1}{n} \qquad \text{für } i=1,2,\ldots,n$$

$$p_{2i} = \begin{cases} 1 & \text{für } i=1 \\ 0 & \text{für } i=2,\ldots,n \end{cases}$$

ist die Maßzahl

$$\Delta_\alpha(\vec{p}_1,\vec{p}_2) = A \cdot \left[1-n \cdot \left(\frac{1}{n}\right)^{\alpha}\right] = A \cdot \left(1-n^{1-\alpha}\right).$$

Postulat 5 führt somit zu der Festlegung

$$A = \frac{1}{1-n^{1-\alpha}}$$

und damit zu der Maßzahl

$$\Delta_\alpha(\vec{p}_1,\vec{p}_2) = \frac{1}{n^{1-\alpha}-1} \sum_{i=1}^{n}\left[p_{1i}^{\alpha} - p_{2i}^{\alpha}\right].$$

5. FOLGERUNGEN

1. Für jede Struktur $\vec{p} = (p_1,p_2,\ldots,p_n)$ mit $\sum_{i=1}^{n} p_i = 1$, $p_i \geq 0$ gilt

$$1 \leq \sum_{i=1}^{n} p_i^{\alpha} \leq n^{1-\alpha} \quad .$$

Die Untergrenze wird nur für die Ungleichverteilung, die Obergrenze nur für die Gleichverteilung angenommen. Daraus folgt, daß

$$-1 \leq \Delta_\alpha(\vec{p}_1,\vec{p}_2) \leq 1$$

gelten muß.

2. Positive Werte der Maßzahl entsprechen einer Strukturveränderung in Richtung der Ungleichverteilung. Negative Werte der Maßzahl lassen auf eine Änderung der Struktur schließen, die einer Annäherung an die Gleichverteilung entspricht.

3. Die in Postulat 2 betrachtete Aufteilung der Sektoren auf zwei Gruppen ergibt

$$\Delta_\alpha({}_1\vec{p}_1,{}_1\vec{p}_2) = \frac{1}{n_1^{1-\alpha}-1}\left[\frac{1}{{}_1P_1^\alpha}\sum_{i=1}^{n_1} p_{1i}^\alpha - \frac{1}{{}_1P_2^\alpha}\sum_{i=1}^{n_1} p_{2i}^\alpha\right]$$

$$\Delta_\alpha({}_2\vec{p}_1,{}_2\vec{p}_2) = \frac{1}{n_2^{1-\alpha}-1}\left[\frac{1}{{}_2P_1^\alpha}\sum_{i=n_1+1}^{n} p_{1i}^\alpha - \frac{1}{{}_2P_2^\alpha}\sum_{i=n_1+1}^{n} p_{2i}^\alpha\right].$$

Durch den Vergleich von

$$\Delta_\alpha({}_1\vec{p}_1,{}_1\vec{p}_2)\cdot c_1 + \Delta_\alpha({}_2\vec{p}_1,{}_2\vec{p}_2)\cdot c_2$$

mit der Maßzahl $\Delta_\alpha(\vec{p}_1, \vec{p}_2)$ für alle n Sektoren folgt

$$c_1 = \frac{n_1^{1-\alpha}-1}{n^{1-\alpha}-1}\,{}_1P_t^\alpha$$

$$c_2 = \frac{n_2^{1-\alpha}-1}{n^{1-\alpha}-1}\,{}_2P_t^\alpha .$$

Die geforderte Additivität läßt sich also nur unter den Bedingungen

$${}_1P_1 = {}_1P_2 \qquad \text{und} \qquad {}_2P_1 = {}_2P_2$$

exakt erfüllen, d.h. falls der Anteil der Gruppen an der Gesamtheit sich nicht mit der Zeit ändert.

Die Isolinien des Strukturmaßes $\Delta_\alpha$ können im Fall n = 2 übersichtlich dargestellt werden. Abbildung 1 zeigt für vorgegebenes = 0.5 die Lage der Anteilspaare $(p_{11}, p_{21})$, für die

$$p_{11}^{\alpha} - p_{21}^{\alpha} + (1-p_{11})^{\alpha} - (1-p_{21})^{\alpha} = C \cdot (n^{1-\alpha} - 1)$$

gilt. Die Lage der Kurvenschar entspricht den sachlichen Forderungen: Abhängigkeit von C, Maximum für $p_{11} = 0.5$.

Die Isolinien für die quadratische Abweichung

$$(p_{11}-p_{21})^2 + \left[(1-p_{11})^2 - (1-p_{21})\right]^2 = C^2$$

erscheinen dagegen unbefriedigend (vgl. Abbildung 2).

Die Abhängigkeit des Strukturmaßes $\Delta_\alpha$ von dem Parameter $\alpha$ wird in Abbildung 3 für vorgegebenes C = 0.1 dargestellt.

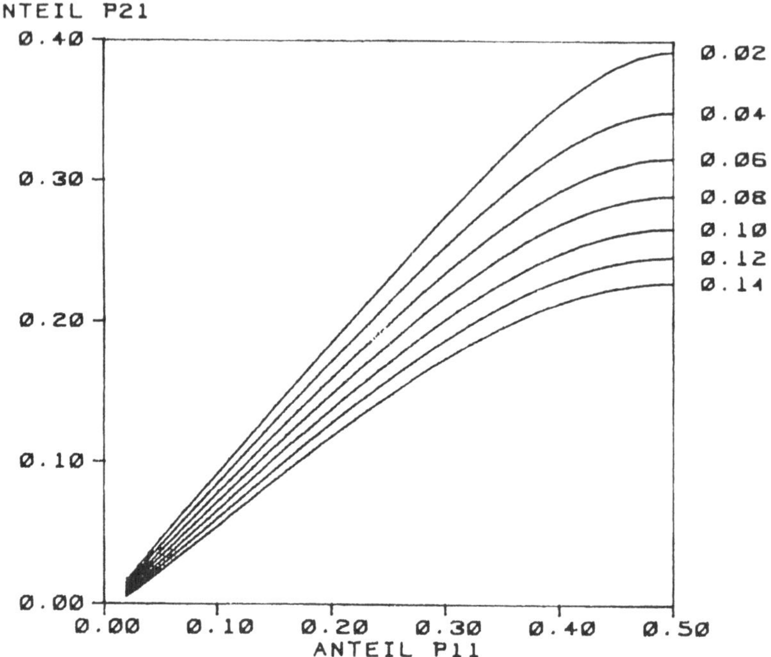


Abb. 1 Isolinien des Strukturmaßes für Alpha = 0.5 . N=2

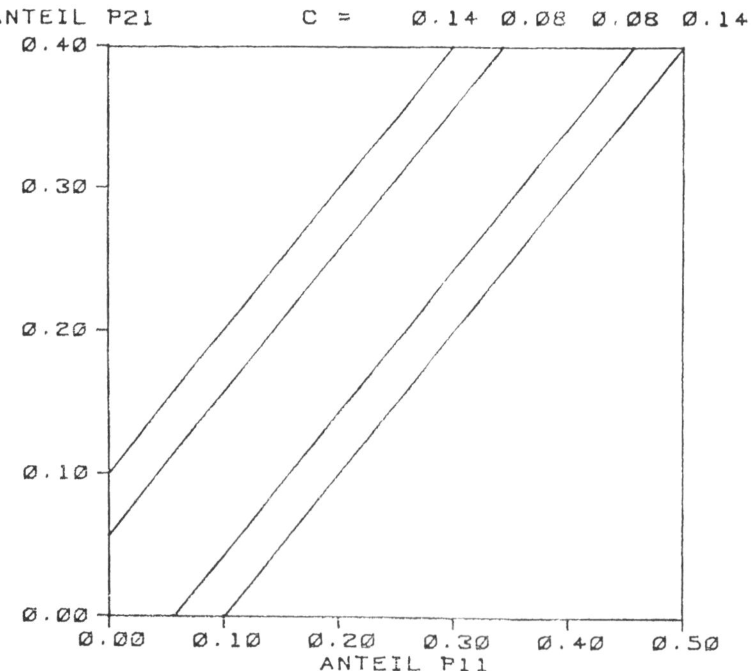


Abb. 2 Isolinien der quadratischen Abweichung

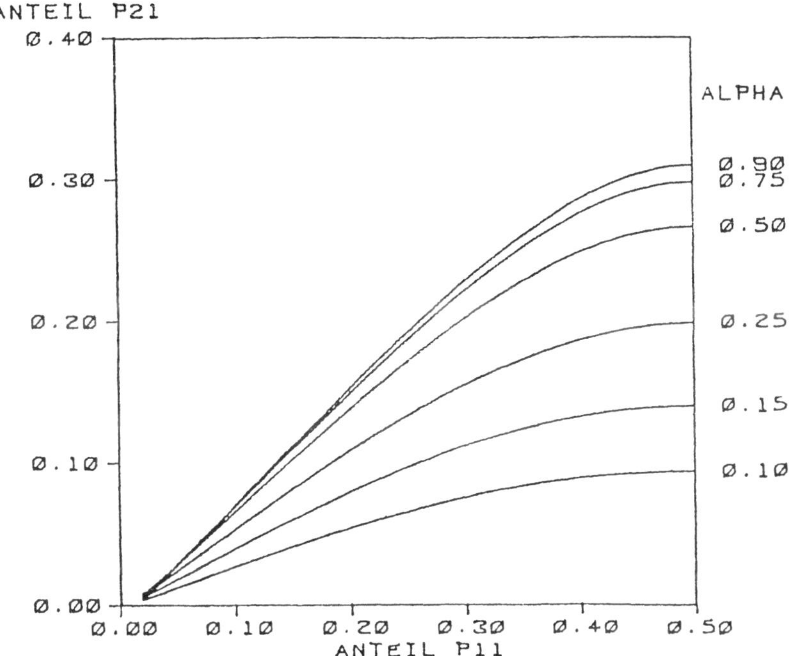


Abb. 3 Isolinien des Strukturmaßes für C = 0.1. N=2

# AUTORENVERZEICHNIS


| | |
|---|---|
| Prof.Dr. J. Berger | Inst.f.Mathematik in der Medizin<br>Univ.-Krankenhaus Eppendorf<br>2000 Hamburg 20 |
| Prof.Dr. J. Dudeck | Leiter d.Inst.f.Med.Statistik u. Dokumentation der Universität<br>6300 Gießen |
| Prof.Dr. C.Th. Ehlers | Leiter d.Inst.f.Med.Dokumentation u. Datenverarbeitung d. Universität<br>3400 Göttingen |
| Prof.Dr. H. Fassl | Leiter d.Inst.f.Med.Statistik u. Dokumentation a.d.Med. Akademie<br>2400 Lübeck |
| Dr. I. Heinze | Dissemination of Statistical Information<br>World Health Organization<br>Ch-1211 Genf 27 |
| Prof.Dr. L. Horbach | Leiter d.Inst.f.Med.Statistik u. Dokumentation d. Universität<br>8520 Erlangen |
| Prof.Dr.Dr. S. Koller | ehem.Leiter d.Inst.f.Med.Statistik u.Dokumentation d. Universität Mainz<br>6500 Mainz |
| Prof.Dr. H.-J. Lange | Leiter d.Inst.f.Med.Statistik u. Epidemiologie<br>Techn. Universität<br>8000 München 80 |
| Prof.Dr. J. Michaelis | Leiter d.Inst.f.Med.Statistik u. Dokumentation der Universität<br>6500 Mainz |
| Prof.Dr. P.L. Reichertz | Department f.Biometrie u.Med.Informatik, Leiter d.Abt.f.Med. Inform.<br>3000 Hannover 61 |
| Prof.Dr. K.-A. Schäffer | Leiter d.Seminars f. Wirtschafts- u. Sozialstatistik d. Universität<br>5000 Köln |
| Prof.Dr. B. Schneider | Department f.Biometrie u.Med.Informatik, Leiter d.Abt.f.Biometrie, Med.Hochschule<br>3000 Hannover 61 |
| Prof.Dr. P. Schölmerich | Direktor d. II.Mediz. Univ.-Klinik<br>6500 Mainz |

| | |
|---|---|
| Prof.Dr. K. Szameitat | Präsident d. Statistischen Landesamtes Baden-Württemberg 7000 Stuttgart 1 |
| Prof.Dr. K. Überla | Leiter d.Inst.f.Med.Informationsverarbeitung, Statistik u. Biomathematik der Universität 8000 München 70 |
| Prof.Dr. G. Wagner | Leiter d.Inst.f.Dokumentation, Information u.Statistik am Deutschen Krebsforschungszentrum 6900 Heidelberg |

Bericht der 3. hannoverschen Tagung über Medizinische Informatik vom 28.-30. März 1974.
Herausgegeben von P. L. Reichertz und G. Holthoff
124 Abb. 7 Tab. IX, 234 Seiten. 1975. DM 55,-; US $ 22,60
ISBN 3-540-07201-2

Tagungsbericht der Arbeitstagung 1974, der Arbeitsgruppe für Medizinische Informatik der Deutschen Gesellschaft für Medizinische Dokumentation und Statistik. Übersichts- und Einzelreferate aus allen Anwendungsbereichen der Medizinischen Informatik, gegliedert nach den Arbeitsschwerpunkten der Sektionen der Arbeitsgruppe.
1) Systementwicklung, 2) Prozessrechner und Biosignalverarbeitung, 3) Labordatenverarbeitung, 4) Operations Research, 5) Klartextanalyse, 6) Datenendgeräte.

## Diagnostik-Informationssystem

Integrierte elektronische Datenverarbeitung für die ärztliche Diagnostik. Beschreibung des Systems der Medizinischen Universitätsklinik in Tübingen mit einem Erfahrungsbericht.
Herausgegeben von H. E. Bock und M. Eggstein
98 Abb. XIV, 217 Seiten (13 Seiten in Englisch). 1970
DM 28,–; US $ 11.50 ISBN 3-540-04791-3

Durch direkte Verbindung der Analysegeräte in den Laboratorien mit einem Prozeßrechensystem werden 80% der anfallenden Untersuchungen ausgeführt, ausgewertet und übersichtlich eingeordnet. Damit wird medizinisch-technisches Pflege- und Hilfspersonal erheblich entlastet und dem Arzt die Diagnostik erleichtert.

## Computer: Werkzeug der Medizin

Kolloquium Datenverarbeitung und Medizin, 7.-9. Okt. 1968, Schloß Reinhartshausen in Erbach im Rheingau.
Herausgegeben von C. Th. Ehlers, N. Hollberg, A. Proppe
41 Abb. XI, 258 Seiten. 1970. DM 30,–; US $ 12.30
ISBN 3-540-05067-1

Über den Einsatz des Werkzeuges Computer in verschiedenen Bereichen der Medizin, über Notwendigkeit und Nützlichkeit des Einsatzes, vorliegenden Erfahrungen, Pläne und Tendenzen informiert dieses Buch. Die darin aufgezeigten Probleme sollten zum Basiswissen jedes modernen Arztes gehören.

Preisänderung vorbehalten

Springer-Verlag
Berlin Heidelberg New York